PARA ONDE VAI O PENSAMENTO GEOGRÁFICO?

por uma epistemologia crítica

Ruy Moreira

PARA ONDE VAI O PENSAMENTO GEOGRÁFICO?
por uma epistemologia crítica

Copyright © 2006 Ruy Moreira

Todos os direitos desta edição reservados à
Editora Contexto (Editora Pinsky Ltda.)

Foto de capa
Jaime Pinsky

Montagem de capa
Gustavo S. Vilas Boas

Diagramação
Mariana Vieira de Andrade

Revisão
Alicia Klein
Ruth Mitzuie Kluska

Dados Internacionais de Catalogação na Publicação (CIP)
(Câmara Brasileira do Livro, SP, Brasil)

Moreira, Ruy
Para onde vai o pensamento geográfico? : por uma
epistemologia crítica / Ruy Moreira. – 2.ed., 3ª reimpressão. –
São Paulo : Contexto, 2024.

ISBN 978-85-7244-330-2

1. Geografia 2. Geografia – Filosofia 3. Geografia humana
4. Geografia – Metodologia I. Título.

06-2586 CDD-910.01

Índice para catálogo sistemático:
1. Geografia : Teoria 910.01

2024

EDITORA CONTEXTO
Diretor editorial: *Jaime Pinsky*

Rua Dr. José Elias, 520 – Alto da Lapa
05083-030 – São Paulo – SP
PABX: (11) 3832 5838
contato@editoracontexto.com.br
www.editoracontexto.com.br

Proibida a reprodução total ou parcial.
Os infratores serão processados na forma da lei.

Para dona Regina, minha mãe, com quem aprendi que ser-um-homem-no-mundo e ser neutro é um projeto impossível.

SUMÁRIO

| Apresentação | 9

A razão fragmentária e os paradigmas da geografia moderna 9

| As filosofias e os paradigmas da geografia moderna | 13

A baixa modernidade e o holismo iluminista-romântico
dos séculos XVIII-XIX 14

A modernidade industrial e a geografia fragmentária
dos séculos XIX-XX 24

A ultramodernidade e a tendência pluralista atual 39

| A insensível natureza sensível | 47

O que concebemos por natureza na geografia 47

As fontes e a evolução da concepção da natureza na geografia 54

Para a crítica do conceito de natureza na geografia 71

| O homem estatístico | 77

O que concebemos por homem na geografia 77

As fontes e a evolução da concepção de homem na geografia 86

Para a crítica do conceito de homem na geografia 90

| A economia do espaço-mundo-da-mercadoria | 101

O que concebemos por economia na geografia 101

As fontes e a evolução da concepção de economia na geografia 108

Para a crítica do conceito de economia na geografia 111

| A busca de uma geografia da civilização
sem a estrutura N-H-E | 117

O homem atópico e a externalidade da natureza,
da sociedade e do espaço 118

Os problemas: a definição, a episteme e o método 119

A busca da superação unitária 127

| Política, técnica, meio ambiente e cultura:
a reestruturação do mundo moderno | 133

A reestruturação da política e do Estado e a reforma neoliberal 133

A reestruturação da técnica e do meio ambiente e o novo espaço 135

A reestruturação da cultura da repetição e a nova diferença 148

| Da região à rede e ao lugar: a nova realidade e o novo
olhar geográfico sobre o mundo | 157

A realidade e as formas geográficas da sociedade na história 157

O que são o espaço e seus elementos estruturantes 167

A representação e o olhar da geografia num contexto
de espaço fluido 170

| De volta ao futuro | 179

Humboldt, Vernadsky e o homem metabólico de Marx 179

Sorre, La Blache, Milton Santos e o bioespaço 181

A sociabilidade e as categorias geográficas: reemergências 184

| Bibliografia | 185

| O autor | 192

APRESENTAÇÃO

A razão fragmentária e os paradigmas da geografia moderna

Boaventura de Souza Santos considera o momento atual do pensamento como o da exigência de uma epistemologia crítica, que supere o impasse e a crise de paradigma em que se encontra o universo das ciências. Ele se refere à crise da razão fragmentária, que desde meados do século XIX, com o advento do positivismo, se instala e domina o cenário do pensamento científico e filosófico do Ocidente.

A geografia enquadra-se nesse parâmetro. Por isso, desde a década de 1970, instalou-se em seu seio um ambiente de grande debate crítico sobre os rumos do seu pensamento, que hoje se amplia com novas tendências.

O paradigma de geografia lembra aquele que Foucault denomina, em sua *Arqueologia do saber*, a forma da representação clássica. O olhar do geógrafo sobre o mundo sugere-lhe, à primeira vista, uma circundância formada por uma diversidade de coisas. Como a ciência não pode trabalhar com uma multidão heteróclita de coisas sem um esquema que as integre numa arrumação totalizada de conjunto, a geografia – tomada como ciência – retira da própria percepção imediata os elementos da fórmula para ela ordenadora do mundo circundante: o esquema N-H-E (natureza, homem e economia). E o estabelece assim como modelo teórico que, ao mesmo tempo que é de classificação, é também conceitual.

PARA ONDE VAI O PENSAMENTO GEOGRÁFICO?

Por este modelo, qualquer forma de sociedade, pode ser o Egito antigo ou o atual, os Estados Unidos ou Cuba, a geografia sempre a vê como estando organizada segundo uma mesma e invariável forma e que independe das suas diferenças de caráter histórico-concretas.

Falar do mundo é, pois, uma operação metodológico-discursiva simples na geografia: descreve-se primeiro a natureza, depois a população e por fim a economia. Sempre nesta ordem. E quando esta é alterada, apenas muda-se formalmente a sequência.

Para conferir ao conjunto uma armadura territorial, que em geografia é necessária, usa-se ordinariamente a arrumação territorial da natureza, arrumando-se dentro dela a distribuição da população e da economia. Todavia, ao passar para a explicação da mesma arrumação territorial, usa-se a arrumação dada pela economia, tomando-se ora a arquitetura das relações territoriais de trocas e ora a arquitetura da divisão territorial do trabalho como referência – a natureza vista como um elenco de áreas de recursos, e a população como uma fonte de mão de obra e de consumo, num primado da geografia econômica sobre as partes restantes.

A descrição dessa arquitetura do espaço toma por referência a linguagem dos mapas, dos quadros, das tabelas e dos blocos diagramas. Tudo de molde a usar-se como padrão explicativo "leis" de cunho essencialmente estatístico-matemático. Assim: a natureza é uma pletora de corpos governados pela lei da gravidade; o homem é um ente demográfico regido pela lei da população; e a economia é uma sucessão de trocas comandada pela lei do lucro.

Os acontecimentos foram, entretanto, mostrando o simplismo e a superficialidade desse esquema teórico e metodológico. E um processo de crítica foi exigindo a reformulação do modo do olhar geográfico. Até porque se percebeu tratar-se ele de um olhar comprometido com um tipo de mundo há tempo esgotado na história humana.

Contudo, a geografia do N-H-E é uma derivação daquilo que na história da geografia moderna chamamos a "geografia da civilização", em si uma tentativa de superar a fragmentação excessiva a que a geografia chegara na virada dos séculos XIX para XX. Insuficiente, diante das necessidades do avanço mundial da economia da segunda fase da industrialização, para inventariar as formas de relação existentes entre o homem e o meio nos diferentes cantos da terra – um conhecimento que então se torna necessário e a que se lançam a geografia e a antropologia. Hoje, é um formato a que os geógrafos recorrem toda vez que precisam enfocar uma região, um país ou uma sociedade em suas relações geográficas por inteiro. E que no cotidiano forma a geografia das escolas.

APRESENTAÇÃO

Este livro filia-se às correntes da preocupação crítica com o olhar da geografia e do geógrafo. E destina-se a estimular o debate da geografia a partir de um dos enfoques globais que coabitam com a fragmentação ainda dominante. Divide-se em oito capítulos. "As filosofias e os paradigmas da geografia moderna" resume o painel da evolução histórica da geografia moderna e situa o contexto da geografia do N-H-E. "A insensível natureza sensível", "O homem estatístico" e "A economia do espaço-mundo-da-mercadoria" remetem ao campo de cada uma de suas componentes, resumindo e analisando o conteúdo e as fontes originárias dos conceitos da natureza (segundo capítulo), do homem (terceiro capítulo) e da economia (quarto capítulo) com que a geografia do N-H-E trabalha. "A busca de uma geografia da civilização sem a estrutura N-H-E" levanta os problemas que cercam a geografia moderna baseado em como se manifestam nesse modelo, historiando os nexos estruturantes por meio dos quais os geógrafos em diferentes momentos buscaram equacioná-los. "Política, técnica, meio ambiente e cultura: a reestruturação do mundo moderno" faz o percurso da reestruturação hoje em curso, aprofundando o conteúdo do capítulo anterior, com o enfoque da reestruturação dos paradigmas das categorias empíricas que mais têm influenciado na organização dos espaços e na compreensão do mundo pela geografia moderna, enfatizando a reestruturação da política, da técnica, da relação com o meio ambiente e da cultura da civilização técnica. "Da região à rede e ao lugar: a nova realidade e novo olhar geográfico sobre o mundo" avalia os efeitos dessa reestruturação no plano interno do discurso geográfico. E "De volta ao futuro" analisa as tendências do reencontro da geografia com os elementos do seu discurso clássico, em vista de acompanhar estas tendências no campo real da técnica com o paradigma da terceira Revolução Industrial.

Uma palavra final sobre o título. Este livro é a versão revista e atualizada de *O círculo e a espiral* – já em si escrito com remanejamento de capítulos de *O discurso do avesso* –, com um subtítulo que remete a uma crítica da geografia que se ensina no nível escolar e universitário e da geografia dos ambientes de pesquisa, assessoria e planejamento. Esta nova versão foi orientada para o plano geral que atravessa a edição anterior, centrando o foco na questão da epistemologia crítica essencialmente. Em vista disso, acrescentamos novos capítulos ("As filosofias e os paradigmas da geografia moderna", "A busca de uma geografia da civilização sem a estrutura N-H-E" e "De volta ao futuro") e reescrevemos os demais a fim de alinhar o novo livro por inteiro.

Creio que o diálogo a que se propõe fica agora mais transparente e orientado. Oxalá esta versão atinja o escopo que o livro sempre pretendeu.

AS FILOSOFIAS E OS PARADIGMAS DA GEOGRAFIA MODERNA

Tatham situa o nascimento da geografia moderna na segunda metade do século XVIII, alimentada na filosofia do Iluminismo e do Romantismo alemão (Tatham, 1959). Três são as fases que a geografia moderna conhece desde então, diferenciadas por seus respectivos paradigmas. São eles: o paradigma holista da baixa modernidade, o paradigma fragmentário da modernidade industrial e o paradigma holista da hipermodernidade (ou pós-modernidade), como tendência atual.

Há, assim, uma relação entre fundamentos filosóficos e paradigmas, cuja combinação vai dar nessas três fases, nas quais se distinguem os fundamentos (as fontes de referência filosófica) e os formatos (os paradigmas). Se as fontes de referência filosófica são plurais, o formato paradigmático é um em cada fase.

Entende-se por baixa modernidade o período do Iluminismo e do Romantismo Alemão, ambos marcados pela presença do idealismo filosófico – o período do Iluminismo pela filosofia crítica de Kant e o período do Romantismo pela filosofia clássica alemã de Fichte, Schelling e Hegel. Por modernidade industrial entende-se o período dominado pela filosofia positivista. E por hipermodernidade ou pós-modernidade entende-se o período atual, marcado pela presença de uma pluralidade de referências filosóficas em que a fenomenologia husserliana, a filosofia da linguagem (de Wittgenstein) e a filosofia da práxis marxista se sobressaem.

PARA ONDE VAI O PENSAMENTO GEOGRÁFICO?

A baixa modernidade e o holismo iluminista-romântico dos séculos XVIII-XIX

O ponto seminal da geografia moderna é a obra do geógrafo J. R. Forster e do filósofo Immanuel Kant, pontos de convergência do Iluminismo na geografia, antecedidos pelos geógrafos da primeira metade do século XVIII. Forster e Kant são os sistematizadores da geografia moderna, essencialmente iluminista – Forster no plano teórico-metodológico e Kant no plano epistemológico.

É Forster, geógrafo de formação, o estuário em que deságua a geografia dos antecedentes. Da Antiguidade clássica chega-lhe o discurso da geografia como o estudo das relações sistemáticas que descrevem a paisagem, e que, orientadas por esta, se localizam e se sintetizam para formar o fenômeno regional, de Estrabão (63 a.C.-63 d.C.). E o discurso de um todo planetário que se expressa como uma construção matemática e pronta para versar-se em linguagem cartográfica, de Ptolomeu. Já do Renascimento vem a atualização da geografia estraboniana para o novo tempo e o ambiente que então se abre, adquirindo a duplicidade do método que distingue a geografia sistemática e a geografia regional, chamada de geografia especial, transfigurada no olhar da teoria unitária que explica o mundo como um jogo de escala, de Varenius. Chega-lhe ainda a retomada de Ptolomeu para a contemporaneidade da teoria heliocêntrica de Copérnico – o modelo matemático ganhando aqui a precisão da cosmografia copernicana –, de Cluverius. Forster vai abraçar o sentido sistemático-regional dessa geografia do passado, atualizando-a para os parâmetros científicos e filosóficos do século XVIII, pelo lado da face prático-empírica.

O papel de Kant é diferente. Kant é filósofo de formação e vê na geografia, que leciona por quarenta anos, entre 1756 e 1796, na universidade de Köenigsberg, a oportunidade de exercitar e confirmar os conhecimentos empíricos que necessita transpor para a constituição do seu sistema de ideias. A geografia serve-lhe de apoio a fim de refletir criticamente sobre a visão de mundo dominante do seu tempo, dela extraindo ilações seja sobre as teorias físicas de Newton – um cientista que tem em alta conta a *Geographia Generalis*, de Varenius, cuja edição inglesa usa em sala com seus alunos –, seja sobre o *Systema Naturae*, de Lineus, a primeira grande obra de classificação dos fenômenos da natureza. E serve-lhe de apoio, ainda, para lapidar conceitos – como sensibilidade e entendimento – e seus entrelaçamentos com o conceito de espaço.

Tanto Forster quanto Kant são antecedidos dos geógrafos alemães da primeira metade do século XVIII. Tatham menciona duas vertentes então vigentes: a escola político-estatística de geografia e a escola da geografia pura. O tema

|14|

de ambas é o problema da extrema fragmentação da Alemanha em inúmeros principados e os critérios de fronteira e unificação do território numa única Alemanha, que domina a atenção da intelectualidade teutônica no momento. A escola político-estatística vê o problema da fronteira a partir do critério dos marcos políticos; a escola da geografia pura o vê a partir do critério dos marcos físicos. Tatham descreve a dissonância nestes termos:

> Leyser, entre outros, muito cedo, em 1726, salientou este ponto e advogou o emprego das fronteiras naturais. Tais críticas não obtiveram resultados práticos até que foram reforçadas pelos ensinamentos de Buache (1700-1773) sobre o sistema do globo (*Charpente de Globe*). Segundo Buache, o esqueleto da terra era simplesmente um determinado número de bacias separadas por extensas linhas de montanhas e serras submarinas. Essa teoria foi elaborada um século antes por Athanasius Kircher, porém ignorada. Agora, reviveu, revestindo-se de certa expressão gráfica nos acurados mapas de contorno dos relevos, tal como os que Buache construiu para o seu estudo do Canal da Mancha (1737). A reação dos geógrafos foi rápida. Esta contínua linha de montanhas parecia oferecer uma estável e natural alternativa para a mudança, efetuada pelo homem, das fronteiras das unidades políticas. Gatterer (*Abriss der Geographie*, 1775) usou o novo limite para dividir o mundo em partes naturais. No seu trabalho, se encontram pela primeira vez expressões tais como: Península dos Pireneus, Terras Bálticas, Terra dos Cárpatos, Regiões Alpinas do Oeste, Sul e Norte. Gatterer não se ajustou com os geógrafos político-estatísticos. A classificação natural das regiões (vol. 2) seguiu-se de uma descrição das unidades políticas (vol. 3), segundo a moda de Büsching, posto que mais resumida. No entanto, a sua obra deu início à tendência para a geografia pura (*Reine Geographie*). (Tatham, 1959, p. 203)

Caberá a Forster estabelecer a primeira grande arrumação sistemática sofrida pela geografia moderna em sua formação, no campo teórico-metodológico. Forster é considerado por seus contemporâneos, como Plewe, como "o primeiro grande metodologista alemão, geógrafo na concepção moderna". E suas ideias são resumidas por Tatham:

> Forster considerava a geografia do ponto de vista prático. Despertava-se-lhe o interesse apenas pelo contato direto com uma variedade de naturezas em diversas partes da terra, e a sua contribuição é o método adotado por ele no tratamento dos dados arrecadados. Dotado de acurados dotes de observação, assim como científica tendência de espírito, colecionava fatos, comparava-os e classificava-os, e extraía dessa classificação generalidades com as quais procurava, então, a explicação da causa. O tratamento sistemático da

PARA ONDE VAI O PENSAMENTO GEOGRÁFICO?

matéria é sobejamente demonstrado na classificação de suas observações nos Mares do Sul. Foram publicadas sob seis títulos, *Terra e países*, *Água e oceano*, *Atmosfera*, *Variações do globo*, *Corpos orgânicos (animais e plantas)*, e o *Homem*. (Tatham, 1959, p. 204)

Segundo Forster, a descrição das paisagens deve preparar, para a explicação, uma tarefa de evidenciar as relações atuantes entre os fenômenos e esclarecer sua natureza. A descrição culmina na explicação das relações, com atenção particular nas relações do homem com o meio. O que, para Forster, se deve fazer por intermédio de um método preciso e cuidadoso. Em sua sistemática, portanto, Forster estabelece como objeto da geografia o estudo da superfície terrestre, e como seu método a comparação, do qual deriva a descrição e a explicação como categorias analíticas das paisagens. E toma por abordagem do estudo da superfície terrestre o recortamento das paisagens, vendo cada grande paisagem como um recorte, e o conjunto dos recortes das paisagens como a origem da divisão da superfície terrestre numa diversidade de áreas, enfatizando a geografia como uma ciência corográfica. Campo, objeto e método ficam assim estabelecidos, a partir desta concepção da geografia como uma ciência voltada para o estudo da superfície terrestre e análise dessa superfície em termos de corografia. Após a morte de J. H. Forster, sua obra foi sistematizada e divulgada por seu filho G. H. Forster, contemporâneo e amigo de Humboldt, chegando por meio destes dois aos geógrafos do século XIX como a grande expressão da geografia alemã oitocentista.

Entretanto, a geografia segue sendo com Forster um saber caracterizado ainda por um forte recorte empirista. Campo, objeto e método estão definidos, mas falta-lhe o discurso de elaboração teórico-conceitual mais sistemático. Tarefa a que precisamente se dedicará Kant.

Immanuel Kant (1724-1804) não vem direto do ambiente da geografia: vem para ela como um projeto da filosofia. Kant estabelecerá as bases epistemológicas da geografia moderna, completando o trabalho de sistematização teórico-metodológica de Forster. Interessa ao seu sistema de ideias descobrir como a geografia pode ajudar na tarefa da constituição do entendimento da natureza. Forma de saber que nos põe em relação direta com o mundo exterior por meio das percepções externas, a geografia abre para o casamento da sensibilidade e entendimento, as duas categorias essenciais do conhecimento para Kant e tema que atravessa o debate epistemológico dos iluministas – Kant talvez o maior deles. A enorme quantidade de informações sobre flora, fauna, geologia, meteorologia, culturas e etnias colhidas de todos os cantos do mundo, e trazidas à Europa por naturalistas e viajantes desde as primeiras navegações e descobertas, põe à disposição do pensamento científico uma massa de referências novas para o entendimento da realidade do mundo, pedindo a ultrapassagem das velhas formas de representação. Formas já em si abaladas pela evolução dos conhecimentos experimentais introduzidos pelos físicos – a "grande física" de Copérnico e a "pequena física" de Galileu Galilei, e que com Isaac Newton se torna um novo paradigma de mundo –, e exigindo a reformulação de todas as formas de pensamento, em particular da filosofia. Na primeira metade do século XVIII, isto significa catalogar e sistematizar todas essas informações, o que dará origem aos primeiros sistemas de classificação, despontando os trabalhos de John Ray (1627-1705), Lineu (1707-1778) e Buffon (1707-1788).

O *Systema Naturae*, de Lineu, um gigantesco trabalho de classificação e sistematização de tipos de plantas baseado em exemplares recolhidos de todos os quadrantes, e o trabalho de Buffon com a classificação dos tipos de animais comporão o quadro mais completo da flora e da fauna até o momento conhecido. Tarefa de sistematização que logo será ampliada com os estudos de classificação do homem, por intermédio da antropologia, da filologia comparada e da demografia. Até que tudo desemboca nas primeiras sistematizações das formas de relação entre a natureza e o homem, em que se destacarão estudiosos como Montesquieu (1689-1755) e Herder (1744-1803).

Kant leva estes sistemas de classificação do plano lógico para o plano real da superfície terrestre, considerando-os como um sistema geográfico. Assim, as espécies e coisas reunidas em grupos de classes do Sistema da Natureza são vistas por ele nos ambientes reais das paisagens. O lagarto e o crocodilo, por exemplo, que no *Systema Naturae* são espécies de um mesmo grupo de gênero (por causa das semelhanças), no sistema geográfico são o crocodilo, uma espécie do ambiente fluvial, e o lagarto, uma espécie do ambiente terrestre. Kant reafirma, desta maneira, a geografia regional-sistemática de Estrabão e Varenius, mas a geografia regional casada com uma geografia sistemática, vinda diretamente dos quadros lógicos do *Systema Naturae*.

Kant age, pois, como um prosseguidor da tradição da geografia que chega a ele e a Forster, seu contemporâneo. A noção corográfica sistematizada no plano metodológico por Forster terá continuidade em Kant, com a conversão da noção empírica de superfície terrestre na formulação conceitual do espaço geográfico.

Kant concebe o espaço como uma categoria do conhecimento sensível – entende o espaço como uma forma pura da sensibilidade – e desenvolve seu

PARA ONDE VAI O PENSAMENTO GEOGRÁFICO?

conceito na *Estética trascendental*, parte primeira de seu livro *Crítica da razão pura*, de 1781. Mas é no trabalho de 1786, *Em torno do primeiro fundamento da distinção das regiões do espaço*, do chamado período pré-crítico, que o tema ganha sua direta tradução geográfica. Mantendo a tradição chegada até ele, o conceito de espaço é visto junto com o de recorte da paisagem, em que espaço é o todo e a região o recorte – esta relação todo e parte mostrando uma clara assimilação do sentido corográfico da geografia que o antecede (Martins, 2003). Todavia, Kant substitui a superfície terrestre pelo conceito do espaço como referência da geografia, produzindo uma quebra entre superfície terrestre e espaço na sequência da tradição que até hoje tem seus efeitos.

Clarifiquemos a questão do conceito.

O conhecimento para Kant é uma combinação da sensibilidade e do entendimento. Na sensibilidade, manifestam-se os juízos sintéticos. Os juízos sintéticos são aqueles em que o predicado acrescenta qualificações ao sujeito. Por isto, são juízos *a posteriori*. No entendimento, manifestam-se os juízos analíticos. Os juízos analíticos são aqueles em que o predicado nada acrescenta de novo ao sujeito, limitando-se a dizer o que já é próprio dele. Por isso são juízos *a priori*. Um exemplo de juízo analítico é a sentença *Maria é mulher*, uma vez que toda Maria é mulher, a sentença nada acrescentando a Maria o que já não seja dela (mulher é um atributo próprio, já dado, um *a priori*). Um exemplo de juízo sintético é *Maria é bela*, uma vez que nem toda Maria tem a qualidade da beleza, sendo algo que o predicado lhe acrescente (*a posteriori*). Chamam-se *a priori* porque as categorias do entendimento são um já dado no âmbito da razão pensante, precedendo e existindo independentemente de qualquer experiência; à diferença dos dados da sensibilidade, que são *a posteriori*, isto é, captados mediante a percepção do entorno pelo homem, surgindo só em decorrência da experiência de mundo do homem. Assim, enquanto os juízos analíticos são atributos (categorias teóricas) do pensamento, os juízos sintéticos são atributos da experiência sensível.

Não obstante, dois juízos sintéticos fogem desse parâmetro: o espaço e o tempo. Espaço e tempo são formas puras da sensibilidade. E são, destarte, juízos sintéticos porém *a priori*. Espaço e tempo são juízos que se manifestam no plano da sensibilidade, o plano das percepções, mas existem previamente aos fatos da experiência sensível, qualificando-os como predicados que são já dados dos fenômenos. São um juízo *a priori* porque nada acrescentam ao fenômeno o que já não seja dele (não há fenômeno senão no tempo e no espaço). E são juízos sintéticos porque só apreensíveis por meio da sensibilidade. Espaço e tempo são para Kant, assim, um já dado do mundo, que o homem capta

AS FILOSOFIAS E OS PARADIGMAS DA GEOGRAFIA MODERNA

com a percepção dos fenômenos. Quando captamos os fenômenos em nossa percepção, estes já aparecem diante de nós organizados em suas localizações na extensão que nos rodeia (o espaço) e na sucessão dos movimentos de mudanças do ontem para o hoje (o tempo).

Todavia, se aparecem junto aos fenômenos no ato da percepção, espaço e tempo já não são fenômenos da percepção. Não são coisas. São planos da organização – diz-se espacial (na ordem da extensão) e temporal (na ordem da sucessão) – das coisas. Quando olhamos para a paisagem e vemos um rio, este já aparece localizado num ponto de recorte definido da paisagem. Já se nos apresenta numa ordem dada de arrumação no espaço. De modo que o espaço e o tempo não são um produto, nem da sensibilidade, em cujo campo é percebido, nem do entendimento, em que aparentemente apareceriam uma vez que são categorias puras. Em resumo, quando o pensamento parte para organizar os fenômenos numa ordem de entendimento do mundo, já tem ele esta tarefa facilitada pela prévia organização das coisas, organização espacial, no plano da extensão, e organização temporal, na ordem da sucessão, e, segundo Kant, é isto de que nos damos conta no momento da percepção.

Daí que para Kant à geografia cabe descrever e à história narrar os fenômenos que formam o mundo: a geografia na ordem da distribuição das coisas na extensão que nos cerca, e a história na ordem da sucessão em que se movem estas coisas no passado, no presente e no futuro. Uma vez que em Kant o espaço aparece separado do tempo, por esta razão a geografia aparece separada da história. Só a dimensão do presente junta a geografia e a história, pois o presente é dado pela percepção sensível, sendo a única categoria do tempo comum a ambas: à geografia porque é o plano da percepção física (a percepção externa), e à história porque é plano da percepção subjetiva (a percepção interna). Daí, a mente pode derivar o passado, pela memória passada do objeto sensível, e futuro, pela projeção de como se imagina venha a ser o objeto amanhã. E daí Kant afirmar que o espaço é da ordem da nossa externalidade e o tempo da ordem da nossa internalidade: o espaço é objetivo (está fora de nós) e o tempo é subjetivo (está dentro de nós).

Kant relaciona a geografia, portanto, à percepção espacial dos fenômenos. E por isto a classifica como uma ciência da natureza. Entende-se por natureza, nos tempos de Kant, algo diferente do entendimento atual. Natureza é todo o mundo da percepção sensível, o mundo objetivo – diz-se à época físico – das coisas que nos rodeiam (distinguindo-se do mundo meta-físico, o mundo que não alcançamos por meio da ciência, mas pelo esforço da metafísica). Por essa razão a geografia é para Kant o equivalente do *Systema Naturae*

PARA ONDE VAI O PENSAMENTO GEOGRÁFICO?

de Lineus e Buffon, visto no plano empírico e corográfico da superfície terrestre. Kant assume com isso a concepção da geografia pura, trazendo para si o discurso teórico dos geógrafos daquela escola, seu conceito de região como um recorte físico da superfície terrestre e o seu olhar físico determinado pelas paisagens. É precisamente esta geografia que aparece em sua obra de 1786. Entretanto, Kant não expôs suas teorias da geografia em livro. São as anotações de aula que seus alunos reúnem e publicam em 1802, com o título de *Geografia Física*, que resumem seus conceitos e concepções. Em geral, é o texto de 1786 que tem servido de referência maior para o estudo de suas ideias geográficas, particularmente para o seu conceito de espaço. Seja por essa razão, ou seja por outra, a influência que a tradição geográfica incorpora de Kant é aquela que desvencilha seu objeto da superfície terrestre em termos diretos, a fim de passar a vê-la pelo prisma abstraído do conceito espaço, a ideia formal que passa a aparecer por trás da noção de paisagem, região e da própria relação do homem com a superfície terrestre dentro da qual vive.

Visto como forma pura da percepção – puro querendo dizer destituído da presença de qualquer dado empírico –, o conceito de espaço de Kant reitera a geografia como um saber descritivo – a história é narrativa e a geografia é descrição –, reafirma-a como um saber corográfico e a consagra como um saber centrado na sensibilidade e não no entendimento, deixando a tarefa da sistematização teórico-metodológica mais acabada da geografia para os geógrafos posteriores É o que farão Ritter e Humboldt, os reais precursores da geografia moderna.

Karl Ritter (1779-1859) forma com Alexander von Humboldt (1769-1859), no dizer de Tatham, o período científico, para quem o período de Forster e Kant representa o de lançamento dos primeiros alicerces:

> Vista em conjunto, a obra dos geógrafos do fim do século XVII é extraordinária. Os debates acadêmicos entre os político-estatísticos e os geógrafos puros aplainaram as barreiras do pensamento tradicional, abrindo o caminho para um progresso puro e sem obstáculos. Os Forsters demonstraram o método de pesquisa e estilo literário, enquanto Kant definiu claramente o ramo. Foram colocados, desse modo, os primeiros alicerces sobre os quais, no decorrer dos cinquenta anos subsequentes, elevou-se o edifício da geografia científica. Esta tarefa de sistematização associou-se a dois homens: Alexander von Humboldt e Karl Ritter, e o período no qual eles trabalharam foi, com justiça, considerado o período clássico da evolução do pensamento geográfico. (idem, p. 207)

|20|

Com o uso do plural,Tatham se refere a Johann Reinhold Forster (pai) e Johann George Forster (filho).

Ritter reitera o princípio corológico e aperfeiçoa o método comparativo, estabelecendo o perfil e o rigor científico que ainda faltava à geografia. O método comparativo consiste, segundo Ritter, em "ir da observação à observação", numa formulação que ao mesmo tempo reafirma e supera a tradição descritivista de Forster e Kant. Trata-se de uma combinação dos métodos indutivo e dedutivo, casados no método único da comparação, que faz da geografia uma ciência indutivo-dedutiva, levando-o a designar geografia comparativa à forma de ciência que está criando. O objeto da geografia comparativa é a constituição da "individualidade regional", a região teoricamente conceituada e produzida na linha da geografia sistemático-regional dos antigos, mas pautada no pensamento do espaço-todo e região-parte de Kant.

Para chegar à "individualidade regional", Ritter compara recortes de áreas diferentes, com o fim de identificar as suas características comuns e assim chegar a um plano de generalização (método indutivo). De posse desse plano de comparação possível, individualiza e analisa cada área separadamente, com o fim agora de identificar o que é específico a cada uma, distinguir o que as separa e assim classificar as áreas por suas propriedades dentro do quadro das propriedades comuns a todas (método dedutivo). Obtém-se com isto a individualidade de cada área, isto é, a construção teórica da região, que Ritter concebe de maneira a ver cada área como um recorte de uma unidade de espaço maior, sendo uma unidade em si ao mesmo tempo que é parte diferenciada do conjunto maior da superfície terrestre. O conceito da individualidade regional é o resultado da reunião do conceito região-parte e espaço-todo de Kant – o Kant de 1786, porém criado de acordo com o método comparativo e enfoque corológico de Forster.

Humboldt parte do mesmo princípio e método de Ritter. Se para Ritter o objeto do estudo da geografia é a superfície terrestre vista a partir das individualidades regionais, para Humboldt é a globalidade do planeta, vista a partir da interação entre a esfera inorgânica, orgânica e humana holisticamente realizada pela ação intermediadora da esfera orgânica. A intermediação do orgânico é o cerne da teoria geográfica de Humboldt, assim sintetizada por Tatham: "A fim de estabelecer esta unidade, devem ser pesquisadas as relações da vida orgânica (inclusive o homem) com a inorgânica na superfície terrestre". A referência da esfera inorgânica é o que Humboldt chama de "a geografia das plantas", tema e objeto de estudo de todo um livro, publicado em 1807, e que ganha o *status* de ponto de constituição holístico do planeta em sua obra maior, *Cosmos*, cuja publicação inicia-se em 1845.

PARA ONDE VAI O PENSAMENTO GEOGRÁFICO?

Tanto Ritter quanto Humboldt são holistas em suas concepções de geografia. Enquanto Ritter vai do todo – a superfície terrestre – à parte – o recorte da individualidade regional –, de modo a daí voltar ao todo para vê-lo como um todo diferenciado em áreas, Humboldt vai do recorte – a formação vegetal – ao todo – o planeta terra –, de modo a voltar à geografia das plantas como o elo costurador da unidade do entrecortado das paisagens, ambos se valendo do método comparativo e do princípio da corologia. São, porém, dois tipos distintos de holismo, com partida comum no Iluminismo de Kant e recorte diferenciado no Romantismo de Schelling. De Kant e do Iluminismo vem a noção da natureza como essência comum das coisas – são coisas naturais tanto os homens quanto as rochas –, e de Schelling e do Romantismo vem a noção do significado distinto da natureza nas coisas. Sucede que há dois Schelling. Por isto, se Kant é a base filosófica comum a Ritter e Humboldt, diferencia-os, entretanto, a dupla filosofia de Schelling, cada uma referenciando um olhar holístico.

O fundo holista comum, que Ritter e Humboldt captam do pensamento iluminista, é a ideia da natureza como uma essência interior de todas as coisas. Distinguem-se, então, a natureza como essência comum a todas as coisas e as coisas como as formas concretas dessa natureza. Há uma natureza humana – como há das plantas, dos animais, das rochas ou das chuvas –, uma natureza como imanência substancial, e as coisas por meio das quais se expressa essa natureza à nossa percepção, na forma material dos homens, plantas, animais, rochas, rios ou chuvas. Esta natureza interior que se manifesta ao plano de nossa captação perceptiva do pensamento iluminista é levada ao máximo da sua concepção idealista – viram eu e não eu – com o pensamento romântico (Sciacca, 1967). E daí, via Schelling, é passada a Ritter e Humboldt.

A filosofia de Friedrich Schelling (1775-1854) se divide em dois momentos: a filosofia da natureza e a filosofia da identidade. Ambas têm o mesmo fundamento no conceito da natureza do Romantismo. A filosofia da natureza é uma teleologia panteísta, enquanto a filosofia da identidade apresenta um sentido mais teoteleológico. A filosofia da natureza (o primeiro Schelling) é o fundamento do holismo panteísta de Humboldt, expresso na interação das esferas do inorgânico, do orgânico e do humano, integradas na mediação da esfera orgânica, que antes vimos. Já a filosofia da identidade (o segundo Schelling) é o fundamento do holismo teísta de Ritter.

Criadores da moderna geografia, Ritter e Humboldt, portanto, se aproximam e se separam.

Para Ritter, resume Tatham, "a geografia centralizava-se no homem; seu objetivo era o estudo da terra, do ponto de vista antropocêntrico; procurar

AS FILOSOFIAS E OS PARADIGMAS DA GEOGRAFIA MODERNA

relacionar o homem com a natureza, e ver a conexão entre o homem e a sua história e o solo onde viveu". Um projeto para mais além de Kant e já distante da escola da geografia pura. A origem é uma terceira influência, a filosofia pedagógica de Pestalozzi (1746-1827), de que Ritter fora aluno:

> Um dos objetivos do sistema de Pestalozzi era despertar o entusiasmo pela natureza, sendo os alunos treinados em fazer acuradas observações durante longos passeios pelos campos. Insistia-se, também, sobre as relações espaciais. Os estudantes aprendiam a observar a relação das coisas com a vizinhança imediata: a escola, depois, o pátio da escola, em seguida a região do lar, os limites da área iam-se gradativamente expandindo até abarcar o mundo inteiro. O interesse nas terras estrangeiras assim despertado era ainda mais aguçado, como no caso de Humboldt, pelo desenho dos mapas. Um ensinamento desta ordem era quase o ideal para um geógrafo. (Tatham, idem, p. 208)

O homem é o centro de referência, mas sua compreensão só é alcançável na perspectiva holística da natureza e na escala de espaço que abre a janela ao infinito do universo revelado.

Já para Humboldt, a geografia centra-se também no homem, mas este compreende-se no interacionismo das esferas com primado no papel mediador do orgânico. Nas palavras de Humboldt, reproduzidas por Tatham:

> Minha atenção estará sempre voltada para a observação da harmonia entre as forças da natureza, reparando a influência exercida pela criação inanimada sobre o reino animal e vegetal. Deve ser lembrado, entretanto, que a crosta inorgânica da terra contém dentro de si os mesmos elementos que entram na estrutura dos órgãos animal e vegetal. Por conseguinte, a cosmografia física seria incompleta se omitisse considerações dessa importância, e das substâncias que entram nas combinações fluidas dos tecidos orgânicos, sob condições que, em virtude de ignorarmos a sua natureza real, designamos pelo termo vago de "forças vitais", grupando-as dentro de vários sistemas, de acordo com analogias mais ou menos perfeitamente concebidas. A natural tendência do espírito humano, involuntariamente, nos impele a seguir os fenômenos físicos da terra através de toda a velocidade de suas fases, até atingirmos a fase final da solução morfológica das formas vegetais, e os poderes conscientes do movimento do organismo dos animais. Assim, é por tais elos que a geografia dos seres orgânicos – plantas e animais – se liga com os esforços dos fenômenos inorgânicos de nosso globo terrestre. (apud Tatham, ibidem, p. 216)

Desse modo, o holismo só é alcançável no plano estrutural da interação das esferas, numa relação interna da natureza que se explica por si mesma.

|23|

PARA ONDE VAI O PENSAMENTO GEOGRÁFICO?

Assim, se em Humboldt a filosofia de Schelling se traduz numa visão de um holismo materialista, em Ritter se traduz numa visão de um holismo teoteleológico. Por outro lado, se Humboldt sempre toma o todo integrado da natureza com referência na incorporação do inorgânico pelo orgânico, e deste por sua vez pelo homem, a geografia das plantas intermediando o holismo pelo lado da esfera do orgânico, para Ritter, a referência é em linha direta o sentido teleológico da ação do homem – o que criou a incorreta ideia de que Humboldt era mais um geógrafo físico (dele a geografia física viria em linha direta) e Ritter mais um geógrafo humano (dele vindo a geografia humana). Entendimento equivocado, já que ambos são parte do holismo prevalecente no Iluminismo e no Romantismo, dos quais suas respectivas ideias provêm. O tema é o mundo (natural-humano) do homem e não se pensa homem e natureza em dissociado, porque para ambos a referência da geografia é a superfície terrestre e o homem o ser que vive na superfície terrestre.

A modernidade industrial e a geografia fragmentária dos séculos XIX-XX

Humboldt e Ritter morrem em 1859. Ano em que Darwin publica *A origem das espécies,* Marx, *A contribuição para a crítica da economia política,* e nasce Edmund Husserl, o criador da moderna fenomenologia. Inicia-se a segunda metade do século XIX, e com ela uma fase nova de referências filosóficas no mundo da ciência, indicativas do fim da influência da filosofia idealista alemã e da emergência do positivismo, inaugurando, em todos os campos científicos, uma fase de extrema fragmentação do conhecimento.

Na geografia, assim como no plano geral, a fragmentação do holismo iluminista-romântico não vem de imediato. Começa com uma forte crítica que desmonta o edifício holista antecedente, até que progressivamente o substitui. O ponto do desmonte é o holismo de Humboldt, numa estratégia que dissocia e separa as esferas em mundos paralelos e próprios, isolando-as entre si. Ao mesmo tempo, proclama-se a origem da geografia em Ritter e faz-se um silêncio que leva Humboldt em pouco tempo ao esquecimento. A dissociação que isola as esferas em campos específicos fragmenta cada uma por sua vez em setores dissociados e independentes, consagrando-se como real esse todo fragmentário.

Tatham assim retrata o destino dado a Ritter e Humboldt nessa fase inicial de instituição do novo paradigma:

|24|

AS FILOSOFIAS E OS PARADIGMAS DA GEOGRAFIA MODERNA

Ritter e Humboldt, posto que seus trabalhos se entrelaçassem, eram, entretanto, complemento um do outro. Humboldt emprestou método e forma à geografia sistemática (climatologia e geografia das plantas), Ritter fundou o estudo regional. Juntos, empreenderam um quase completo e moderno programa de geografia. Assim, é de lamentar-se que Ritter, através de seus ensinamentos na universidade e nos vários estudos sobre metodologia, houvesse influenciado muito mais à geração subsequente do que Humboldt, cujos trabalhos, dispersos por tantos jornais, fossem menos conhecidos, pelo menos entre os geógrafos. A princípio, a influência de Humboldt foi muito maior no desenvolvimento das ciências sistemáticas e, quando uma década mais tarde, elas principiaram a preocupar os geógrafos, estes consideraram a sua obra não complemento, mas como contrária à obra de Ritter, usando-o com a finalidade de fortalecer o dualismo existente entre a geografia regional e a geografia física, o que durou até o término no século. (ibidem, p. 219)

Dois momentos distinguem-se, entretanto, no correr desta segunda fase: o da fragmentação generalizada, que vai dar na pulverização da geografia em um número crescente de geografias sistemáticas; e o da aglutinação das setorizações em campos de agregados por seus conteúdos comuns ou semelhantes, que vai dar no nascimento da geografia física e da geografia humana, e, por extensão, da geografia regional.

Primeiramente, criam-se as geografias setoriais – então chamadas geografias sistemáticas –, a partir da quebra do real em diferentes pedaços, cada geografia sistemática declarando uma porção do real como seu objeto, em face do qual constitui uma teoria, um método e um nome de batismo próprios, seguindo o modelo do sistema de ciências criado pelo positivismo. É assim que surgem os grandes campos da ciência moderna como campos de teoria, objeto e método próprios, que cada ciência reproduzirá internamente numa divisão correspondente.

Lentamente, o novo paradigma de geografia – fragmentário e sem referência de unidade – vai assim surgindo. E seus elementos são as críticas aos discursos unitários de Ritter e Humboldt. São seus críticos Fröbel (1831-1906), Oscar Peschel (1816-1875) e Garland (1887).

O primeiro passo é, portanto, a definição da esfera de estudo, diante da autonomização e distribuição das esferas inorgânica, orgânica e humana, até então estudadas em seu todo integrado, a exemplo da geografia de Humboldt, como campos especializados das ciências. Nesta repartição, a geografia toma por seu campo a esfera das coisas inorgânicas. O segundo passo é fragmentar, por sua vez, esta esfera em tantos setores de geografia especializada quantos os

|25|

PARA ONDE VAI O PENSAMENTO GEOGRÁFICO?

pedaços de divisão possíveis. Eis por que são as geografias sistemáticas dedicadas ao inorgânico as que primeiro aparecem na nova fase paradigmática.

Tatham resume o processo:

> Estudos sistemáticos sobre geomorfologia (Peschel, Richtofen, Albert Penck), climatologia (Buchan, Loomis, Hahn, Koppen), geografia das plantas (Von Sachs, Haberland, Grisebach, Warming), confirmaram tal concentração na geografia física (no sentido moderno), introduzindo nova forma de dualismo à matéria. Anteriormente, houve uma dupla divisão: uma, entre a geografia física (geografia pura) e a geografia histórico-política (vide Frobel), a outra, entre os estudos sistemáticos e a *Landerkunde*. Atualmente, resolve-se separar a geografia física sistemática e a geografia humana regional, das quais a primeira foi considerada muito mais importante. (ibidem, p. 222)

Em verdade, estamos na presença de uma radical mudança no conceito da natureza. A natureza holista dos iluministas e românticos vê seu conteúdo reduzido ao de uma natureza inorgânica, tornando-se uma coisa física. Então, chamaram-se de geografias físicas sistemáticas a estas geografias setoriais aí surgidas. A esfera do orgânico, embora êmulo da geografia integrada de Humboldt, é deixada de lado. E a esfera humana é simplesmente abandonada. Uma mudança no conceito de homem então se dá em paralelo, excluído da natureza. Excluído o homem da natureza, todos os fenômenos saem definitivamente do contexto holístico. Muda, assim, por extensão, o conceito de geografia, seu campo e seu objeto. E todo um novo discurso aparece. O abandono do conceito holista é seguido do abandono do conceito de região. Depois, abandona-se o caráter espacial da geografia estabelecido desde Kant. E, por fim, o método comparativo formulado por Ritter. Desta forma, vêm a desaparecer todos os conceitos e fundamentos que constituíam o discurso geográfico dos séculos XVIII-XIX, tornando-se daí em diante "impossível realizar um sistema geográfico coerente" no campo da geografia, conforme arremata Tatham.

A fragmentação do conhecimento geográfico, o abandono progressivo das referências anteriores e sua quase identificação com as geografias físicas sistemáticas não levam, todavia, ao abandono do princípio da corologia. Fazer geografia significa, ainda, analisar os fenômenos em sua repartição na superfície terrestre. Cada geografia física sistemática se mantém, de um certo modo, uma ciência corográfica, a começar pela geomorfologia, que, aos poucos, vai se candidatando ao papel de base de referência corográfica para todas as demais. A geormofologia é a primeira das geografias físicas sistemáticas a surgir. Embora voltada para uma porção arrancada do todo do real, as formas do relevo e os

|26|

processos que as originam, a geomorfologia toma por objeto exatamente o que a escola da geografia pura apresentava como o protótipo do princípio corológico: os recortes das bacias fluviais. Isto é, as grandes unidades de relevo da superfície terrestre cujos alinhamentos formam os interflúvios que balizam os recortes das bacias. De modo que o recorte das unidades de relevo acaba por estabelecer, pelas mãos da geomorfologia, numa espécie de regionalismo geomorfológico, teoria e método de assentamento dos fenômenos geográficos.

Portanto, não se trata propriamente de um abandono dos referenciais, mas da constituição de referenciais novos. Não se extingue a geografia. Cria-se uma nova forma de geografia.

E nisso a geografia acompanha o plano de referência da época. A rigor, deixa de haver um sistema geográfico coerente com os padrões de ciência do período holista anterior, pois os padrões de coerência agora são outros. Passa-se de um paradigma para outro. É o que está acontecendo. A pulverização e especialização dos saberes são um fato geral do período e refletem o advento do naturalismo mecanicista da filosofia positivista como novo princípio epistêmico da ciência.

Um rápido olhar nos fundamentos do positivismo nos ajudará nesse entendimento.

A essência do pensamento positivista é a redução dos fenômenos a um conteúdo físico e a um encadeamento, que faz as ciências interagirem ao redor desse conteúdo físico ao passo que as fragmenta por seus conhecimentos em diferentes campos de objetos e métodos específicos. A fonte dessa estrutura ao mesmo tempo integrada e fragmentada é a concepção do conhecimento científico como um processo que se dá indo do mais simples e geral ao mais complexo e específico, princípio que organiza as ciências num sistema piramidal de acumulação, tendo na base a matemática e no topo a sociologia. É a matemática a ciência mais simples e geral. Em contrapartida, a sociologia é a ciência mais complexa e específica. Assim, após a matemática, se segue a física, a química, a biologia, e, por fim, a sociologia, a soma das anteriores servindo como o conteúdo-base de formação das seguintes, até culminar no todo do sistema de ciências (daí, Comte chamar a sociologia de física social). Há, então, uma passagem e acumulação de conteúdos das ciências situadas abaixo para a situada acima na sequência das superposições, que começa com o empréstimo do conteúdo da matemática para a física, que assim acumula conteúdos seus e da matemática, tornando-se uma ciência físico-matemática; desta para química, que acumula conteúdos seus, da física e da matemática; desta à biologia, que acumula conteúdos seus, da química, da física e da matemática; e, por fim, de

PARA ONDE VAI O PENSAMENTO GEOGRÁFICO?

todas à sociologia, cujo conteúdo é a soma dos conteúdos de todas as ciências que lhe antecedem, daí ser a mais complexa e uma física social.

A pulverização e especialização que transforma a geografia numa série de saberes sistemáticos de âmbito físico e inorgânico são o reflexo do acompanhamento dessa nova ordem paradigmática do pensamento. A geografia reproduz a setorialização geral da pirâmide positivista, referenciando sua setorialização interna na linha de fronteiras com os grandes campos de ciências, que o positivismo vai autonomizando por seus objetos e métodos. Assim, na fronteira com a geologia surge a geomorfologia, na fronteira com a meteorologia, a climatologia, e, na fronteira com a biologia, a biogeografia (a partir da geografia das plantas), a fragmentação se multiplicando a cada novo campo de ciência que surja no plano geral do sistema de ciências.

Cedo, entretanto, uma reação se manifesta contra esta naturalização mecanicista e fragmentária da visão de mundo do positivismo. Reação vinda de diferentes direções, a que não faltará uma reação interna ao próprio âmbito positivista. Duas são as fontes principais: de um lado, a emergência, no campo da ciência, da biologia de corte darwinista; de outro, a emergência, no campo da filosofia, de um movimento de retorno a Kant. Ambos estes movimentos reproduzir-se-ão na geografia. Na frente positivista, a reação manifestar-se-á na continuidade do processo fragmentador, porém inspirado num naturalismo não mais mecanicista e sim organicista, e cujo resultado será o nascimento das geografias setorial-sistemáticas agora no campo dos estudos do homem. Na frente neokantiana, a reação manifestar-se-á num movimento de retorno a Ritter, trazendo de volta à geografia seu caráter de cunho unitário e corológico, expresso no nascimento da geografia física e da geografia humana e, sobretudo, da geografia regional como campos unitários das respectivas abordagens.

Por um lado, continua a fragmentação, revelando a continuidade da hegemonia positivista recentemente estabelecida. Por outro, promove-se a aglutinação dos fragmentos em dois grandes campos, revelando os efeitos do neokantismo. De modo que há na geografia, de um lado, a multiplicação setorial-sistemática referenciada nas linhas de fronteira que entra agora no plano das geografias humanas sistemáticas, e, de outro, a agregração dos setores assim formados em grandes campos de semelhança. No campo da natureza se aglutinando na geografia física e no campo do homem se aglutinando na geografia humana, ambos os campos se aglutinando na geografia regional – o âmbito da geografia doravante dividindo-se nestes três campos de agregação.

Se a ampliação das geografias sistemáticas acompanha a setorialização geral do pensamento positivista, a aglutinação dessas geografias setorial-

|28|

AS FILOSOFIAS E OS PARADIGMAS DA GEOGRAFIA MODERNA

sistemáticas nos campos da geografia física e da geografia humana é o reflexo do movimento neokantiano, que questiona a validade geral da legalidade da natureza, indagando se o conjunto de leis e determinações, próprios para o entendimento do comportamento dos fenômenos naturais, vale também para o entendimento do comportamento dos fenômenos humanos, posicionando-se pela distinção e diferença, e reivindicando uma legalidade própria para as ciências naturais e uma outra para as ciências humanas. O neokantismo está aqui se afirmando seja contra o reducionismo positivista, que tudo condiciona ao naturalismo, mecanicista e organicista – sujeitando inclusive o homem às leis necessárias da natureza –, seja contra o reducionismo da filosofia clássica alemã, que tudo condicionara à perspectiva do idealismo, inclusive a natureza. E com isto estabelecendo legalidades distintas, segundo as quais o conhecimento da natureza e o conhecimento do homem se separam em campos próprios, levando a que todos os saberes se alinhem como ciências naturais ou como ciências humanas (Freund, 1977).

Este entendimento por campos distintos de legalidade do neokantismo reproduz-se na geografia num movimento de retorno a Ritter, no sentido de reivindicar um retorno à unidade de conteúdos e ao restabelecimento do conceito da região como o elo da unidade corológica. Seu principal representante é Hettner.

De forma que o aumento da fragmentação-espacialização e a aglutinação das ciências fragmentárias em campos comuns ou de aproximação são duas atitudes aparentemente opostas, que passam a coabitar o sistema de ciências nesta segunda parte da fase do paradigma fragmentário. No âmbito dos estudos do homem, surge a antropogeografia de Ratzel, criada na fronteira da antropologia; que será seguida da geografia urbana, de Blanchard; da geografia industrial, de Chardonet; e da geografia agrária, de Faucher, estas nas fronteiras respectivamente da sociologia e da economia. Já no âmbito das aglutinações por campos, surgem a geografia física, criada por Emmanuel De Martonne, por meio da publicação do *Tratado de geografia física*, de 1909; a geografia humana, criada por Jean Brunhes, mediante a obra *Geografia humana*, de 1919; e a geografia regional, diferenciada no conceito regional, de La Blache, e no conceito de diferenciação de áreas, de Hettner.

A grande presença de franceses indica o deslocamento da geografia para além da Alemanha, que doravante será, aos olhos do mundo, uma ciência francesa, tal como nos séculos XVIII e XIX fora uma ciência alemã, a geografia também nisto acompanhando o plano geral, que acontece com o deslocamento das humanidades (artes etc.) e da filosofia.

PARA ONDE VAI O PENSAMENTO GEOGRÁFICO?

Ratzel, La Blache e Hettner, além de Reclus, são certamente os pensadores mais emblemáticos desse momento paradigmático da geografia.

Friedrich Ratzel (1844-1904) inaugura a fase das geografias humanas sistemáticas. Ratzel é considerado, e deve sê-lo, um caso de grande destaque (outro é Reclus) nessa segunda parte do paradigma fragmentário. Sua obra é a melhor expressão das características dessa combinação de fragmentação e reaglutinação, praticamente criando um paradigma de geografia dentro de outro no início do fim do século XIX. Referida ao homem em seu fazer o seu espaço no ato da relação com a natureza e como uma ação de construção política da sociedade, que compreende o papel da ação do Estado, Ratzel cria a geografia política, orientando a geografia setorializada na perspectiva relacional do homem com o meio em seu espaço.

Ao colocar a reflexão da relação do homem com a natureza no plano da fronteira da geografia com a antropologia e a sociologia, Ratzel praticamente inaugura uma tradição de ver o homem em sua relação com a natureza por meio da mediação do espaço político do Estado. Nisso difere dos demais criadores das geografias setoriais, que elaboram uma geografia física pura ou uma geografia humana pura. Sua distinção dentro do pensamento geográfico, em grande medida, deve-se a tomar por referência não o positivismo mecanicista de August Comte (1819-1857), mas o organicista de Herbert Spencer (1820-1903), este referendado na biologia evolucionista de Charles Darwin (1809-1882). Daí, a forte impressão que dá sua obra de uma grande virada, e assim de um novo momento paradigmático na história do pensamento geográfico, quando é, na verdade, uma continuidade da trajetória fragmentária da geografia, com a qualidade de retomada de Ritter, e inclusive de Humboldt, numa ligação que havia sido rompida com os geógrafos fragmentadores.

Tatham assim resume o contexto e ao mesmo tempo o vínculo com a linha paradigmática fragmentária de Ratzel:

> A incerteza terminara, e o lugar do homem fora firme e finalmente assegurado dentro da geografia, por intermédio da obra de Ratzel e seus adeptos. A *Anthropogeographie*, cujo primeiro volume foi publicado em 1882, exatamente antes da controvérsia de Gerland, fez, com relação à geografia humana, o que a obra de Peschel havia feito com relação à geomorfologia, isto é, estabeleceu o estudo de todos esses aspectos da superfície da terra que estão relacionados com o homem dentro de moldes sistemáticos. Ratzel entrou em contato com a geografia de maneira semelhante à de Humboldt, "por meio de viagens, pelo contato direto com a realidade", como lembra Brunhes. Em suas palavras, "desenhei, descrevi. Desta forma, fui levado ao *Naturschilderung*".

| 30 |

AS FILOSOFIAS E OS PARADIGMAS DA GEOGRAFIA MODERNA

Seus interesses eram vários, sua instrução profunda. Pesquisou sobre geografia física nos *fiords* e nos cumes de neve das montanhas da Alemanha, editando o *Geoghraphischer Handbücker*, obra pertencente à série na qual apareceram *Gletscherkunde*, de Helm, *Klimatologie*, de Hahn, e *Morphologie*, de Penck. (ibidem, p. 222)

Ratzel retorna a Ritter, também revendo-o, segundo Tatham, "em dois importantes aspectos: considerava a geografia política sistematicamente e não regionalmente e do ponto de vista de Darwin". Porém com o intuito de apreender as relações do homem com o espaço natural como um conjunto de "relações entre o estado e a superfície terrestre". E, assim, analisar o espaço como "um organismo parte humano e parte terrestre", de acordo com o seu conceito.

Tatham prossegue:

É interessante recordar o seu interesse pela geografia física porque serve para explicar a razão de nunca ter Ratzel perdido de vista as forças circundantes, quando voltou a atenção para a complexidade dos fenômenos humanos. Dando testemunho de Ratzel, Brunhes diz que "Possuía em alto grau o senso das realidades terrestres. Distinguia os fatos humanos sobre a terra, não mais como filósofo, historiador ou simples etnógrafo, ou economista, porém como geógrafo. Reconhecia suas inúmeras, complexas, variadas relações com os fatos de ordem física, altitude, topografia, clima, vegetação. Observava os homens povoando o globo, trabalhando na sua superfície, procurando o sustento, e fazendo história na terra; observava-os com os olhos de verdadeira naturalista". O volume I de *Anthropogeographie* tentou mostrar de que maneira a distribuição dos homens sobre a terra havia sido mais ou menos controlada pelas forças naturais. O volume III, publicado em 1891, descreveu a distribuição existente. O primeiro volume consistia na repetição do tema tratado por Ritter no *Erdkunde*, e o próprio Ratzel salientou o fato de estar desenvolvendo as ideias de Ritter, na conformidade do recentemente estabelecido método científico. Na sua grande e última obra, *Die Erde und das Leben. Eine Vergleichende* (1901-1902), escreveu ele: "Este livro contém o subtítulo *Vergleichende Erdkunde* porque apresenta a interrelação dos fenômenos da superfície terrestre, segundo a concepção de Karl Ritter". À semelhança de Ritter, tentou compreender o "mundo como um todo integral, uma unidade interdependente". Entretanto, a obra de Ratzel diferia da de Ritter, em dois aspectos importantes: considerava a geografia humana sistematicamente e não regionalmente e do ponto de vista de Darwin. Ratzel via o homem como o produto final da evolução, uma evolução cuja principal consequência era a seleção natural dos tipos na conformidade da capacidade de ajustarem-se ao meio físico. Assim, enquanto Ritter escrevera

|31|

PARA ONDE VAI O PENSAMENTO GEOGRÁFICO?

sobre a relação recíproca do homem e da natureza, relação esta que era parte de um todo harmonioso, servindo às finalidades criadoras de Deus, Ratzel tendia a ver o homem como o produto do seu meio, moldado pelas forças físicas que o cercavam e somente vencendo quando adequadamente adaptado à exigência das mesmas; a finalidade última da adaptação, se houver, está fora da alçada de suas pesquisas. Dessa forma, há um matiz determinista na maioria das obras escritas por ele. Em 1897 deu outra grande contribuição por meio da *Political Geography*. Esta dá nova versão ao velho tópico, dentro dos moldes relativos aos princípios enunciados por ele na *Anthropogeographie*. Na introdução, salienta Ratzel que, tendo Ritter demonstrado a importância dos geógrafos estudarem a influência do meio no desenvolvimento histórico, seus sucessores tinham feito chegar "a descrição regional, compilação de estatísticas e mapas políticos e históricos a um estado de perfeição nunca atingido anteriormente". Entretanto, "o desenvolvimento da geografia política está ainda muito aquém de todos os ramos de nossa matéria, e as ciências políticas mostram raras e ligeiras influências geográficas, quer seja a de ter a geografia posto à disposição das mesmas, crescentes melhoramentos na feitura dos mapas, estudos regionais e estatísticos de área e população". O que era necessário, argumentou ele, era "organizar o grande volume de assuntos obedecendo a uma clara classificação" e iniciar a procura de um método comparativo e o ponto de vista evolucionário (*eine vergleichende und auf die Entwickelung ausgehende Durchforschung*). Em outras palavras, "o que ainda resta fazer para dar melhor destaque à geografia política, pode somente ser feito por meio de investigação comparativa das relações entre o estado e a superfície da terra". A influência da biologia evolucionista levou Ratzel a adotar a teoria orgânica da relação do Estado e da sociedade, e o conceito do Estado como um organismo parte humano e parte terrestre (*Ein Stuck Menscheit und ein Stuck Boden*). Neste livro, escreveu, os estados são como organismos, cujo aspecto geográfico reside na sua necessária relação com o solo. Nesse solo evoluem, como demonstram a história e a etnografia, enquanto cada vez mais se aprofundam em seus recursos. Deste modo, parecem formas limitadas em áreas e nelas localizadas (*räumlinch begrenzt und räumlinch gelagerte*) no círculo de fenômenos que podem ser geograficamente descritos, medidos, mapeados ou comparados. (ibidem, pp. 222-223)

Esta longa transcrição de Tatham dá bem a medida de importância e originalidade de Ratzel, sua linha de prosseguimento com a tradição antiga e moderna da geografia.

Ao dizer que o homem cria o seu espaço no ato da relação da natureza com o Estado, numa típica análise de relação do homem com o meio, Ratzel foi tido como o criador da geografia humana – até há pouco os ingleses designavam a

|32|

AS FILOSOFIAS E OS PARADIGMAS DA GEOGRAFIA MODERNA

geografia humana por geografia política –, parecendo corroborar esta interpretação o próprio nome de antropogeografia que dava à geografia. Uma interpretação que, se lhe deu um *status* para além do que criou, prejudicou por outro lado a real interpretação da sua geografia. Tatham resume esta ambiguidade:

> As contribuições de Ratzel no tocante à geografia foram imensas e nem a menor delas constituiu invenção do termo *Anthropogeographie*, que poderia ser empregado com referência ao novo grupo de estudos sistemáticos, porém é "como inventor de ideias que reside a sua grandeza e não no desenvolvimento de disciplina metódica", como diz Brunhes. (ibidem, p. 224)

Ao representar um amplificador da setorialização no campo da geografia, iniciando-a agora no âmbito da geografia humana sistemática, Ratzel a mantém associada aos seus parâmetros totalizadores, abandonados pelos demais geógrafos sistemáticos. Entretanto, é um prosseguidor da trajetória da fragmentação, como conclui Tatham:

> Ratzel livrou o estudo do homem da sua anterior dependência como fazendo parte da *Länderkunder*, porém agindo assim não prejudicou o dualismo da geografia. Na verdade, a sua obra serviu para reter o interesse ainda mais firmemente sobre os estudos sistemáticos, e continuou-se a dispensar pouca atenção à geografia regional. (ibidem, p. 224)

São La Blache e Hettner que farão a tentativa de retomar o tema regional: La Blache numa perspectiva uniqueísta (Claval, 1974; Buttimer, 1980) e Hettner na perspectiva relacional do recorte areal da região (Hartshorne, 1978). A intervenção do historiador Lucien Febvre introduziu na história do pensamento geográfico um contraponto, inexistente, entre La Blache e Ratzel envolvendo uma dissonância nas respectivas abordagens da relação homem-meio, em que La Blache seria possibilista e Ratzel determinista (Febvre, 1954). Com isso, obscureceu o verdadeiro contraponto então surgido na virada do século XIX para o XX na geografia, aquele estabelecido entre o olhar regional fracionário de La Blache, inspirado numa concepção isolacionista de região, um caso de singularidade, e o olhar diferencial e corológico de Hettner, inspirado na região como uma diferenciação de áreas, bem analisado por Hartshorne (1978).

É Alfred Hettner (1859-1941), todavia, a melhor expressão do retorno à abordagem corográfica, via o conceito ritteriano. Neokantiano da escola de Windelband e Rickert, a chamada escola de Baden, Hettner é a própria expressão

PARA ONDE VAI O PENSAMENTO GEOGRÁFICO?

do retorno ao Ritter kantiano, trazendo o debate do idiografismo-nomotetismo para a geografia. Tatham assim resume os vínculos de Hettner:

> A última década do século viu a referida sugestão transformada em sistema estabelecido. Novamente, mudanças no pensamento filosófico prepararam o caminho. O materialismo absoluto, posto que atraente aos cientistas, é raramente aceitável aos filósofos profissionais. Logo em 1860, surgiram contestações à tese materialista, e tentativas foram feitas para juntar em um só sistema, o ponto de vista científico com o idealismo de Kant. Nos tempos modernos, o neokantismo tornou-se muito mais aceitável aos cientistas que aos filósofos profissionais. [...] A transposição dessa nova filosofia para a geografia foi empreendida por Alfred Hettner, geógrafo conhecedor profundo de filosofia. Em seus trabalhos, reviveu as definições de Kant sobre geografia, e dentro desse sistema anexou os estudos sistemáticos de Humboldt, Peschel, Ratzel, e os estudos das regiões de acordo com as definições de Ritter, Marthe, Richtofen, transformando-os em um todo coerente. É em grande parte graças a Hettner que o dualismo, que por tanto tempo constituiu obstáculo à geografia foi transposto com êxito. (ibidem, p. 225)

Tatham refere-se ao naturalismo do positivismo, ao designá-lo materialista.

Hettner retoma e inova a corologia de Ritter, clarificando seu caráter e precisando seu método. Em Ritter, a corologia é o efeito do método comparativo, que desemboca no individualismo regional. Com Hettner, estamos de novo diante da abordagem dos recortamentos, do processo de arrumação da superfície terrestre pelo movimento interativo e entrecruzado dos fenômenos físicos e humanos, cuja tradução é o entendimento da geografia como o estudo da superfície terrestre por sua diferenciação de áreas. Mas, se em Ritter, o recortamento é um estado e a região um recurso de método, em Hettner tudo é um processo de diferenciação. Tal como em Ritter, em Hettner desaparece a possibilidade de a geografia dividir-se em sistemática e regional. Tema que em Hettner parece encontrar solução definitiva: os recortamentos espaciais são o resultado da diferenciação areal dos fenômenos sistemáticos em seus movimentos pelo todo da superfície terrestre.

Hettner foi, sobretudo, um metodólogo. A maioria dos seus trabalhos é de artigos, publicados no periódico *Geographische Zeitschrift*, por ele dirigido, grande parte dos quais reunidos em livro, publicado em 1927 sob o título *Die Geographie, ihre Geschichte, ihr Wesen und ihre Methoden*. Muitas das formulações desses textos vêm de Richtofen, em particular o conceito corológico de diferenciação de áreas, que Richtofen aplica à geomorfologia, com o qual dá uma forma nova e mais acabada à geografia comparada de Ritter.

AS FILOSOFIAS E OS PARADIGMAS DA GEOGRAFIA MODERNA

Resumindo as ideias e importância de Hettner, diz Volkenburg:

A geografia, segundo Hettner, não é uma ciência geral da terra, mas a ciência corológica da superfície da terra. Trata, principalmente, da relação mútua entre a natureza e o homem, é uma apreciação das relações espaciais (*Raum*). O objetivo primordial é o estudo de áreas ou regiões; esse estudo deve conter descrições, bem como explicações, deduzidas analítica ou sinteticamente. A delimitação das regiões constitui um dos principais problemas da geografia, enquanto a observação *in loco* é a base do estudo geográfico. Distingue entre a geografia geral (*Allgemaine Geographie*), que acompanha sistematicamente a distribuição dos vários fenômenos geográficos sobre a superfície da terra, e a geografia regional ou especial (*Landerkunde*), de onde se origina o conceito de regiões geográficas. A doutrina parece perfeitamente familiar ao moderno geógrafo, que ainda procura definir sua esfera de estudo; acentua um terceiro aspecto (além da descrição e da explicação), que é o planejamento, único elemento ausente. (Volkenburg, 1960, p. 976)

O retorno a Ritter se dá também na França, pelas mãos de Elisée Reclus. Reclus é o introdutor de Ritter na França. Contudo é La Blache – cuja matriz de pensamento é igualmente Ritter, mas no quadro de um diálogo com a sociologia e a antropologia francesas de Durkheim – quem sistematiza o modelo de geografia que irá difundir-se pelo mundo como a "escola francesa de geografia". Anarquista e exilado, Reclus terá pouca influência na formação e propagação do pensamento francês. É La Blache, amparado num amplo projeto de Estado (Claval, 1974), o da reconstrução da França derrotada e desestruturada pela guerra franco-germânica de 1870, que o terá. Tatham resume o paralelo:

Na França, o interesse pela geografia foi despertado pela volumosa obra de Elisée Reclus, um dos discípulos de Ritter. Reclus publicou *La Terre*, geografia física, em 1866-7, e a *Nouvelle Géographie Universelle*, um levantamento geral do mundo dentro dos moldes da *Erdkunde*, de Ritter, em dezenove volumes (1875-94). Pesquisas relativas à geografia humana foram incentivadas pelo sociólogo Le Play (1806-1862), pela ênfase dada à estreita relação entre o *habitat* e a sociedade. Dos seus ensinamentos resultou *Les Sociétés Africaines*, de Préville (1894), e *Comment la route crée le type sociale*, de Demolins (1901-1903). A verdadeira criação da escola francesa, no entanto, é atribuída ao ano de 1898, quando Paul Vidal de la Blache deixou o posto de professor da École Normale Supérieure para ocupar a cátedra de geografia da Sorbonne. Nos vinte anos subsequentes, até sua morte, em 1918, Vidal de la Blache, através de sua obra e ensinamentos, moldou a geografia na França. Seu *Tableau de*

|35|

PARA ONDE VAI O PENSAMENTO GEOGRÁFICO?

la Géographie de la France (1903) e as monografias sobre o termo francês *pays* escritas pelos seus adeptos (Gallois, Demangeon, Levainville etc) são clássicos da geografia regional, e certamente, no desenvolvimento do conceito de região, La Blache teve papel preponderante. (Tatham, 1959, p. 226)

Com La Blache, tem início a fase da geografia que irá difundir-se como tal no século XX, chegando a nós até hoje. Pode-se falar de três La Blaches, a rigor dois, considerando os temas e categorias de seus livros principais. Há o La Blache do *Quadros de geografia da França* (*Tableau de la Geographie de la France*), publicado em 1903, no qual estuda a identidade da França a partir do seu quadro de diferenciações regionais e é considerado a matriz de fundação da geografia regional. É nele em que se materializa o conceito lablacheano da região – dito conceito clássico – como um recorte dotado de singularidade, caso de síntese dos fenômenos físicos e humanos – a famosa síntese regional –, que só no recorte espacial em que se faz, faz-se de um modo próprio e singular, não se repetindo em outro recorte regional da superfície terrestre. Há o La Blache do *Princípios de geografia humana*, obra póstuma e incompleta de 1922, na qual estuda as paisagens da diferentes civilizações, advindas da relação local do homem com o seu meio, e é considerado o texto fundador de uma geografia da civilização, subalternizada diante da geografia regional, mas que fará maior carreira que esta apenas nos grandes compêndios. Aqui a categoria que sobressai é o gênero de vida. Há, por fim, o La Blache de *A França de Leste*, de 1917, em que analisa a especificidade da região fronteiriça da França com a Alemanha, que podemos considerar um típico estudo de geografia política, porém limitado a este trabalho.

Embora seja o primeiro La Blache que se difunde pelo mundo, e com ele a geografia regional e a hegemonia mundial da "escola francesa de geografia", o segundo terá um papel particularmente importante a partir do último quartel do século XIX, acompanhando a reorganização da economia mundial pela segunda fase (a fase aberta com a segunda revolução industrial e que Ernest Mandel designa de capitalismo avançado) da industrialização.

Há no segundo La Blache, este sim, um ponto comum – não uma contraposição – com o Ratzel da antropogeografia. Tanto a geografia do segundo La Blache quanto a antropogeografia de Ratzel são o que estamos chamando de a geografia da civilização, uma vez que vêm, falam e se interessam pela mesma coisa: o destino do homem numa civilização industrial. Embora, sem dúvida, uma vista pelos olhos de quem vê da França e outro por quem vê da Alemanha, numa época de ascensão do imperialismo (Sodré, 1976).

AS FILOSOFIAS E OS PARADIGMAS DA GEOGRAFIA MODERNA

Seja como for, anima a geografia da civilização uma espécie de retorno à geografia da superfície terrestre do período iluminista-romântico, pautado agora pela problemática da relação homem-meio em cada canto regional da terra. Na virada do século XIX para o século XX, já não basta conhecer as características do meio físico em cada contexto de lugar, mas também os costumes e os modos de viver e pensar dos povos que o habitam. Daí, esta geografia vir na esteira do retorno a Ritter, resgatando a problemática da relação do homem e do meio que interessava tanto a ele quanto a Humboldt, devolvendo à geografia seu caráter corológico, sem, entretanto, restabelecer o holismo que os mobilizava. A geografia da civilização é, em suma, uma combinação da geografia física com a geografia humana, mas como terceiro campo de aglutinação (não a geografia regional). A necessidade de restabelecer-se a visão de totalidade reclamada por uma economia industrial que inicia sua arrancada de mundialização – o capitalismo avançado de Mandel (1972) –, e de fazê-la no âmbito, nas condições e na lógica das especializações científicas do paradigma fragmentário, leva a geografia das civilizações a tomar como suporte corológico as geografias físicas sistemáticas, sobre as quais a geografia encontra-se então assentada, mas para o fim de compreender os fenômenos das geografias humanas sistemáticas. Sendo sua preocupação verificar os modos de interação das populações com essa base – daí, a atenção de Febvre ter voltado, com razão, justamente para este ponto seu paralelo equivocado de La Blache e Ratzel –, a geografia da civilização acaba por adotar como princípio de discurso e método a estrutura em pirâmide do sistema de ciências do positivismo.

O procedimento teórico-metodológico é o oferecido pelo *Princípios de geografia humana*, de La Blache: após fazer o balanço da distribuição das populações pelos continentes e segundo as determinações dos recortamentos físicos dos espaços, em que ora os recortes do relevo e ora os recortes climáticos servem de base aos assentamento, La Blache passa neste livro à análise das formas de civilização, mantido o princípio corológico da interação analisado na primeira parte. Em verdade, La Blache reitera aqui os esquemas de estudo encontrados no *Erdkunde*, de Ritter, que tanto ele quanto Reclus vão prosseguir na França, e cuja tradução será o modelo N-H-E; um *approach* que combina dentro da geografia todo o seu sistema interno de ciências, indo da mais corológica, que então é tomado como a geomorfologia ou a climatologia, à mais independente dos rigores de assentamento, que é então a cultura humana, tal como no geral se estrutura o sistema de ciências do positivismo.

Vem daí, por exemplo, a noção de sítio, compreendido como a base física – referenciada na geomorfologia – sobre a qual se dão os assentamentos

PARA ONDE VAI O PENSAMENTO GEOGRÁFICO?

humanos, a exemplo de uma cidade, que se consagra como teoria por todos os campos da geografia. O sítio é acompanhado do *habitat*, do ecúmeno e de um rico vocabulário de categorias de fundo corológico que a geografia da civilização cria ou resgata da tradição oitocentista, naquilo que é mantido na formulação paradigmática nova dos séculos XVIII-XIX. É o fruto de uma formulação que surge no âmbito do retorno ao regionalismo da geografia comparada – portanto, do retorno a Ritter –, numa espécie de casamento entre recorte regional e recorte das unidades geomorfológicas de inspiração na geografia pura, que Ritter incorporara não sem críticas (Ritter discorda da exclusão humana que a geografia pura estabelece ao tomar por critérios apenas elementos naturais no recorte regional das paisagens, assimilando, entretanto, seu forte sentido corológico). Este encontro, contudo, não vem de imediato.

Os criadores da geomorfologia – Albrecht Penck, na Alemanha, e W. M. Davis, nos Estados Unidos, ambos vindos da geologia e que trabalham juntos na Alemanha por uns tempos, a convite do primeiro – vêm-na mais pelo prisma das escalas temporais (Davis é o criador da teoria do ciclo geomórfico). É com as gerações contemporâneas do movimento neokantiano, Richtofen à frente, que se dá o enlace. Tatham assim resume este momento:

> Marthe (1877) foi dos que salientou a sua importância. Definiu a geografia "a ciência da distribuição", ou mais ligeiramente, "o lugar das coisas", e definiu a *Vergleichende Geographie* a procura das relações causais. Nessa procura, argumentou que o ponto de partida era o estudo de uma área restrita; o reconhecimento das relações causais em pequenas localidades constituía a elementar premissa de seu reconhecimento em regiões maiores, ou pelo mundo inteiro, como um todo. No estudo das áreas menores restabeleceu os termos usados pelos gregos "corografia", "corologia". Tal ponto de vista foi expendido novamente, em termos mais incisivos, por Richtofen na sua aula inaugural, em Leipzig, em 1883. Embora fosse a geomorfologia a sua principal preocupação, Richtofen reconhecia que o princípio relativo à área era indispensável à geografia. A natureza heterogênea dos fenômenos da superfície da terra, argumentava, tornou necessários os estudos sistemáticos, os quais ele dividia em três: aspectos das características físicas, da vida animal e vegetal, do homem e suas obras. Porém, eram apenas preliminares à principal missão da geografia, "a compreensão das relações causais nas áreas" (Hartshorne). Desta forma, Richtofen sugeriu uma relação entre os estudos regionais e sistemáticos, relação esta que evocava o ponto de vista de Ritter e Humboldt. (idem, p. 225)

É a geografia da civilização (a do segundo La Blache e a antropogeografia de Ratzel) – chamada por uns de geografia da relação homem-meio e

AS FILOSOFIAS E OS PARADIGMAS DA GEOGRAFIA MODERNA

por outros de a geografia da terra e do homem – o último rebento da reação antifragmentária dentro do próprio paradigma da ciência fragmentária. Uma alternativa que então se oferece a aglutinações do tipo geografia física, geografia humana e geografia regional, que seguiam sendo uma reiteração ao conhecimento fragmentário e fracionário da realidade. E um propósito de retorno à visão integrada da superfície terrestre como objeto de estudo da geografia, até que sobrevenha a crise do paradigma fragmentário.

A ultramodernidade e a tendência pluralista atual

A crise do paradigma fragmentário se evidencia no correr dos anos 1960-1970. Seu sinal mais claro no âmbito da geografia é a crise ambiental, sinônimo de crise dos esquemas de arrumação espacial da superfície terrestre então existente. Um fato implementado pelos interesses da indústria – que a geografia da civilização, a exemplo das obras de Max Sorre, e um de seus grandes herdeiros, insistentemente denuncia –, e que traz de volta o tema da relação teórica do espaço e da superfície terrestre.

Embora se possa datar a nova fase dos anos 1960, é na década de 1970 que seu surgimento aparece com mais evidência. É nessa década que a crise do paradigma fragmentário e físico-matemático se mostra mais visível, seja pela exacerbação do modelo, na forma da geografia teorético-quantitativa (Corrêa, 1982), seja pela emergência de novas linhas teórico-metodológicas, na forma de uma geografia de referência no marxismo, no subjetivismo – a geografia da percepção, a geografia humanista e a geografia cultural, além da geografia histórica, todas com fundo na geografia de Sauer (1889-1975) e na atualidade se reivindicando de referência na fenomenologia (Chistofolleti, 1985; Holzer, 1996; Corrêa, 1999) – e num ambientalismo de novo tipo (um naturalismo de novo tipo, sem uma referência filosófica explícita, mas de forte inspiração quântica). Mais recentes, e podendo-se dizer ainda nos seus primeiros ensaios, são as correntes que se referenciam na filosofia da linguagem de Ludwig Wittgenstein e Mikhail Bakthin (Gonçalves, 2001) e na filosofia da complexidade de Edgar Morin, Isabelle Stengers e Henri Atlan (Carvalho, 2004).

O marxismo representa uma forma de pensamento enraizado na filosofia de Georg Wilhelm Hegel (1770-1831). Todavia tenha aí suas raízes, não é um pensamento de corte romântico e idealista, como o é o pensamento hegeliano, ponto alto da filosofia clássica alemã. Marx (1818-1883) extrai da filosofia de Hegel o seu sentido de história e o caráter dialético do real, seja esse real a natureza – campo da história natural –, seja ele o homem – campo

PARA ONDE VAI O PENSAMENTO GEOGRÁFICO?

da história social –, uma história se desdobrando na outra como processo de construção do homem. O sentido da história dá o tom holista do pensamento marxista: a história social do homem é o salto de qualidade dialético do desenvolvimento da sua história natural, um processo realizado pelo trabalho ("Desde quando aparece no mundo, história natural e história social do homem se confundem", como Marx sintetiza em *A ideologia alemã*), por meio do qual se dá a hominização do homem pelo próprio homem, fundando com isso o materialismo histórico.

O pensamento marxista chega à geografia nos anos 1970 – depois de um rápido ensaio nos anos 1950 –, e em diferentes cantos do mundo (Silva, 1983; Moreira, 2004a e 2004b). Nos anos 1950, um grupo de geógrafos, de que fazem parte Jean Tricart, Pierre George, René Guglielmo, Jean Dresch e Bernard Kayser, e a que podemos acrescentar Yves Lacoste, buscam criar na França uma geografia fundada no materialismo histórico e dialético, que, entretanto, pouco avança nesse intento – mais tarde dando origem à geografia ativa (George, 1973), com centro em George, e à geografia aplicada, com centro em Tricart (Phlipponneau, 1964). Nos anos 1970, é a vez de um naipe de geógrafos, espalhados por vários países, como David Harvey e Edward Soja, nos Estados Unidos, Milton Santos e Armando Correa da Silva, no Brasil, Yves Lacoste, na França, e Massimo Quaini, na Itália, trazer de volta a relação entre marxismo e geografia, fazendo dessa vez ir mais fundo o mergulho cruzado que ficara no meio do caminho com os geógrafos franceses. Os geógrafos dos anos 1950 e 1970 descobrem Hegel e Marx, e completam, dois séculos depois, o circuito da incursão da geografia pelo terreno da filosofia clássica alemã, incorporando ao pensamento geográfico moderno a dialética e o sentido da história de Hegel, via Marx, após ter incorporado o criticismo de Kant no século XVIII e o romantismo de Schelling no século XIX, por intermédio, como vimos, da elaboração de Ritter e Humboldt, incorporando Fichte, por tabela.

Há, pois, uma dimensão ontológica e epistemológica nessa geografia de corte no marxismo, que se desenvolve aqui e ali em diferentes profundidades. A dimensão ontológica relaciona-se ao tema da hominização do homem pelo próprio homem, mediante o processo do trabalho, definindo o espaço geográfico como geograficidade. Conforme afirma Marx (1968, 1993):

> Antes de tudo, o trabalho é um processo de que participam o homem e a natureza, processo em que o ser humano impulsiona, regula e controla com sua própria ação seu intercâmbio material com a natureza. Defronta-se com a natureza como uma de suas forças. Põe em movimento as forças naturais

AS FILOSOFIAS E OS PARADIGMAS DA GEOGRAFIA MODERNA

de seu corpo, braços e pernas, cabeça e mãos, a fim de apropriar-se dos recursos da natureza, imprimindo-lhes forma útil à vida humana. Atuando assim sobre a natureza externa e modificando-a, ao mesmo tempo modifica sua própria natureza. (Marx, 1968, p. 202)

Ou seja, processo mediante o qual a história natural do homem é por ele mesmo transformada em história social, o homem tornando-se natural e social ao mesmo tempo, e, assim, sujeito e objeto de sua própria existência. A dimensão epistemológica relaciona-se ao tema da construção da sociedade por meio da construção do seu espaço. O espaço não é o *a priori* de Kant ou o receptáculo da história de Descartes-Newton, mas coincide com a própria construção da vida humana na história, de vez que é construindo a sociedade que o homem constrói seu espaço e assim dialeticamente. As duas dimensões vão resultar numa só, destarte sendo entendido todo o temário da geografia do período clássico, espaço e superfície terrestre se confundindo nas ações e no modo de existência do homem. Tratam delas Silva (1991), Santos (1996), Moreira (1999a, 2004a e 2004b), Harvey (1992), Soja (1993), Quaini (1982), Lacoste (1988), ora dando ênfase mais ao tema do metabolismo e ora ao tema da economia política do espaço – a temática da hominização sempre estando presente.

A fenomenologia é definida como a filosofia das essências. E sua origem moderna é Edmund Husserl (1958-1938). A rigor, é um campo de pensamento que vai para além de Husserl. Há uma fenomenologia em Kant, ainda eivada de fenomenismo (o fenômeno visto como um dado da apreensão sensível), um dado da empiria, por assim dizer. E há uma fenomenologia em Hegel, interpretada como o movimento da consciência. Husserl rejeita o fenomenismo de Kant, ao entender o fenômeno como uma essência lógica (no sentido da lógica transcendental de Kant), portanto um *a priori*, e relê o conceito de consciência de Hegel, ao concebê-la como a relação de intencionalidade ("a consciência é a consciência da coisa"), criando a fenomenologia moderna. Desse modo, para ele, não se conhece o fenômeno – as essências transcendentais – por meio, seja da apreensão sensível, como em Kant, uma vez que os fenômenos não são os fenômenos do campo psíquico (os dados da percepção), mas a coisa como essência real; seja do conceito, como em Hegel, uma vez que a consciência não é o que vem da abstração intelectual, mas do vivido (é um "lançar-se" para a coisa).

A fenomenologia husserliana tem, de um lado, fortes vínculos com a filosofia da vida, de Wilhelm Dilthey (1833-1911), e, de outro, com a filosofia neokantiana, suas contemporâneas; da primeira extraindo o conceito do real

|41|

PARA ONDE VAI O PENSAMENTO GEOGRÁFICO?

como o vivido, e da segunda, o conceito da essência como o *a priori* transcendental, assim rejeitando tanto a lógica formal aristotélica quanto a lógica dialética hegeliana, vindo daí seus laços com o método da hermenêutica. Husserl não nega a existência do mundo exterior, o mundo da existência temporal-espacial, mas entende que não é ele o real, e sim o mundo apriorístico das essências lógicas. Para chegar-se a elas deve-se realizar uma redução fenomenológica, o método mediante o qual o real temporal-espacial (o espaço vivido) é posto em suspensão (a *epoché* fenomenológica), de modo a chegar-se ao real da consciência, o real espacial-temporal servindo como referência hermenêutica. Preocupa Husserl recuperar os fundamentos da ciência rigorosa, deturpada pelo positivismo e pela sua concepção de rigor matemático. Husserl abjura tanto a abordagem lógica da psicologia (a percepção piscológica) quanto da matemática, propondo um conhecimento rigoroso com apoio na lógica transcendental.

A fenomenologia husserliana chega à geografia também nos anos 1970. Porém não como uma fenomenologia das essências, mas como uma fenomenologia existencial (Buttimer, 1985; Holzer, 1996; Nogueira, 2004), uma visão da fenomenologia mais afeiçoada à filosofia de Maurice Merleau-Ponty (1908-1962). Perfilam no seu terreno a geografia da percepção (Corrêa, 2001), a geografia humanista (Mello, 1990; Holzer, 1993) e a geografia cultural (Corrêa, 1999), além da geografia histórica (McDowell, 1995), quatro versões derivadas das matrizes norte-americanas criadas por Sauer, aprofundadas por David Lowenthal nos anos 1960 e dimensionadas por Yi-fu Tuan nos anos 1970, com estes últimos chegando à matriz fenomenológica. Há uma dificuldade na empreitada de localizar-se em cada uma e no conjunto dos seus entrelaçamentos o enfoque husserliano, dado o modo como Husserl concebe a relação entre o real (a essência apriorística) e o espaço-temporal (o real vivido), este mediando numa hermenêutica a chegada àquele pelo viés da redução fenomenológica. É a percepção ambiental – a matéria-prima do espaço vivido – a porta de entrada inicial dessas correntes de geografia no universo da fenomenologia husserliana, numa sequência que da geografia da percepção vai para a geografia humanista e desta para a geografia cultural – embora não numa relação linear –, o fundamento fenomenológico vindo a aparecer mais como um projeto que como um fato efetivado.

Entre os anos 1980 e 1990, estas formas de geografia têm um crescimento extraordinário em todo o mundo. No fundo, elas também trazem a geografia para o campo da dimensão ontológica, numa perspectiva distinta do viés marxista. Um debate, embora surdo, se estabelece entre essas duas

AS FILOSOFIAS E OS PARADIGMAS DA GEOGRAFIA MODERNA

correntes nesse campo, por onde a crítica ao cientificismo percorre com intensidade desde a proclamação do problema das legalidades na virada do século XIX para o século XX. Muitas das referências da geografia cultural vêm do marxista Raymond William. E há um debate entre fenomenólogos e marxistas nos finais da Segunda Grande Guerra que ainda está por chegar ao debate presente da geografia, explorando o território ontológico da existência. O texto seminal de Dardel (Holzer, 2001), produzido no clima desse debate, e definido no campo da fenomenologia, e a tímida incursão de George no tema da existência (Biteti, 2004) são já um debate em curso antes dos anos 1970.

O pensamento quântico, por fim, não tem, seja a montante seja a jusante, uma referência filosófica definida, e antes se explicita e se materializa num padrão de uma nova era técnica – a baseada na bioengenharia –, trazendo consigo a discussão da necessidade de uma nova forma de percepção e atitude do homem em sua relação com o meio ambiente. Com isto, funda no mundo da ciência um olhar não fragmentário do todo – um holismo ambiental – e, assim, o que tende a ser um novo paradigma. Filosoficamente é, antes, um ponto de cruzamento entre as várias correntes de filosofia que brotam do embate com o positivismo desde a virada do século XIX, do marxismo à fenomenologia husserliana e à analítica existencial de Heidegger, chegando ao desconstrucionismo de Derrida e à complexidade de Morin – hoje acelerado pela tradução do pensamento quântico numa nova era técnica (Simonnet, 1981; Leff, 2004; Capra, 2002).

Sua chegada à geografia tem sido mais lenta, dado, talvez, à impregnação ainda fortemente positivista (fragmentária e físico-matemática) e kantiana (o conceito cartesiano-newtoniano de espaço e tempo) da noção de natureza – a natureza como coisa física –, que predomina na geografia como um todo. Por isso, chega a ela pela via e na forma da degradação e crise do meio ambiente, um processo que se manifesta, sobretudo, na interface da técnica com a paisagem, e ainda enfrentando resistência quanto ao sentido da natureza como coisa viva do holismo ambiental emergente. Algumas entradas fortes já existem, entretanto, no tocante a esse sentido. Pode-se ver nessa perspectiva o começo de presença do pensamento da complexidade (Suertegaray, 2004; Carvalho, 2004), do pensamento quântico (Christofoletti, 2004) e, especialmente, o desenvolvimento da perspectiva aberta pela teoria do refúgio (Ab'Sáber, 1988 e 2003; Viadana, 2002). E já de algum tempo evolui uma visão holística nesse campo de uma geografia ambiental por intermédio dos trabalhos de Monteiro (1991), com desdobramentos em Tariffa (2001) e Lombardo (1985). Sem que tenha chegado à geografia a linha da tese gaia (Sahtouris, 1991).

PARA ONDE VAI O PENSAMENTO GEOGRÁFICO?

Não há, pois, à diferença do que vimos para as duas fases anteriores, uma filosofia de base de referência, antes apontando o momento atual para uma pluralidade de tendências. O que pode estar a indicar uma especificidade do presente ou o presente como um estado de transição para uma nova fase ainda por chegar. Do mesmo modo, não se pode falar do predomínio de um paradigma, embora haja um forte apelo no sentido de um novo holismo.

Aos poucos vai então emergindo aqui e ali um sentido de resgate da visão holista, abandonada pela emergência da fragmentaridade positivista, mas sob uma forma plural e diferenciada de entendimento, numa situação distinta daquela da geografia dos séculos XVIII-XIX. Quatro matrizes, cada qual compondo uma alternativa distinta de referência e ao mesmo se entrecruzando em múltiplas formas de combinação, oferecem elementos de entrada para uma pluralidade de olhares ao holismo nesta terceira fase.

No âmbito da temática de corte ambiental, há um claro retorno ao holismo de Humboldt. Todo o discurso ambiental e ecológico contemporâneo se inspira em sua *Geografia das plantas*, e no entendimento do mundo como um todo construído a partir da interação entre as esferas do inorgânico, do orgânico e do humano, pela intermediação da esfera do orgânico, que desenvolverá no *Cosmos* (Acot, 1990; Deléage, 1993). O retorno ao holismo de Humboldt traz consigo o retorno à perspectiva corológica, agora fora da geografia, os biomas sendo a referência do recorte. A técnica do georreferenciamento, reunindo uma gama de sofisticados programas de geoprocessamento, é uma comprovação disso. Bem ainda, e mais rico em possibilidade, o conceito de espacialidade diferencial, de Lacoste (Moreira, 2001).

Soma-se ao holismo de inspiração humboldtiana a tese gaia. A tese gaia é uma concepção do todo do planeta Terra como o produto da interação da vida com as esferas inorgânicas (as camadas da litosfera, da atmosfera e da hidrosfera), na mesma linha de raciocínio das interações das esferas humboldtiana, mas tomando essa interação como a própria história do planeta. Assim, as camadas da Terra atuais em suas características físicas e químicas são o que resulta da interação que vem ocorrendo no planeta desde as primeiras formas de vida com as primeiras formas da litosfera, da atmosfera e da hidrosfera – a história dessas camadas e a história da vida sendo uma mesma história de relação ambiental desde o começo. Na síntese que faz dessa teoria, Sahtouris diz que, desde os primeiros momentos da história do planeta, os "organismos vivos renovam e regulam continuamente o equilíbrio químico do ar, dos mares e do solo, de modo a assegurar a continuidade de sua existência", de maneira que "a vida cria e mantém condições ambientais precisas e favoráveis à sua permanência",

AS FILOSOFIAS E OS PARADIGMAS DA GEOGRAFIA MODERNA

assim se formando a biosfera de cada momento da evolução terrestre, numa versão mais sofisticada – porque ambiental – da teoria da interação das esferas de Humboldt e da história natural de Darwin. Resumindo o que nos soa como um mesmo modo de dizer de Humboldt, porém sob a forma mais detalhada dos processos biogeológicos, Sahtouris resume o pensamento de Vernadsky, tomado pelos teóricos da tese gaia como seu melhor resumo:

> Vernadsky classificou a vida como uma "dispersão das rochas", porque ele a entendia como um processo químico que transformava rochas em matéria-viva altamente ativa e vice-versa, fragmentando-a e movendo-a de um lado para outro em um processo cíclico infinito. A visão vernadskyana é apresentada neste livro como o conceito de vida na forma da rocha em reajuste, agrupando-se na forma de células, acelerando suas transformações químicas com enzimas, alterando as radiações cósmicas com energia própria, transformando-se em criaturas cada vez mais evoluídas e voltando à forma rochosa. Esta visão da matéria viva como uma incessante transformação química da matéria planetária não viva é bastante diferente da visão de vida desenvolvendo-se em um planeta inanimado, adaptando-se a ele. (Sahtouris, 1991, p. 72)

Humboldt não teria dito de outro modo.

O processo de hominização do homem pelo homem, via o trabalho, de Marx é, por fim, uma terceira entrada. A hominização é um movimento autopoiético. O homem produz o próprio homem em sua relação metabólica, definida por Marx como o processo do trabalho, com a natureza. Esse metabolismo – que na geografia chamamos de relação homem-meio – é uma relação reiterativa de intercâmbio que o homem trava dentro da natureza, mas fazendo-o dentro da relação social com os outros homens, com as outras formas naturais, numa troca de energia e matéria – Marx fala de forças – de que resulta a constituição do meio humano. O processo de hominização é, assim, um processo de cunho holista em que o homem atua "sobre a natureza externa, modificando-a ao mesmo tempo que modifica sua própria natureza", lembrando a interação humboldtiana, porém aqui mediada pela esfera humana. O holismo vem do fato de esse processo significar a historicização da natureza, ao passo que na naturização da história, o homem transforma em história social sua própria história natural, envolvendo nessa socialização todo o conjunto da relação metabólica, na observação de Quaini (1982).

São todas elas entradas que confluem para o conceito de geograficidade.

A INSENSÍVEL NATUREZA SENSÍVEL

A natureza é o primeiro terço do modelo N-H-E. Por meio dos recortes do relevo (ou do clima), é quem fornece a base inicial do arranjo corológico ao homem e à economia. Todavia, a geografia opera com um conceito de natureza – o da segunda fase da sua história moderna –, hoje em crise. É um conceito restrito à esfera do inorgânico, fragmentário e físico-matemático do entorno natural.

O que concebemos por natureza na geografia

A um conjunto de corpos ordenados pelas leis da matemática, eis o que temos chamado de natureza.

Assim, não distinguimos natureza e fenômenos naturais, uma vez que concebemos a natureza decalcando nosso conceito nos corpos da percepção sensível. Vemos a natureza vendo o relevo, as rochas, os climas, a vegetação, os rios etc. E conhecemo-la medindo as proporções matemáticas e descrevendo os movimentos mecânicos das relações de seus corpos. Dito de outro modo, a natureza que concebemos é a da nossa experiência sensível, cujo conhecimento organizamos numa linguagem geométrico-matemática. É uma totalidade fragmentária, que então só ganha unidade mediante suas ligações físico-matemáticas.

Ademais, fenômenos da natureza para a geografia são a rocha, a montanha, o vento, a nuvem, a chuva, o rio, as massas de terra etc. Coisas inorgânicas, enfim. Quando incluímos entre elas as coisas vivas, é para apreendê-las pelo seu papel de estabelecer um equilíbrio ambiental ao movimento das coisas inorgânicas, a exemplo das plantas, que vemos como uma espécie de força antierosão. Tudo legitimado na concepção de que a esfera orgânica é especialidade de outras ciências, a exemplo da biologia, a "ciência da vida", numa noção de tarefa característica do sistema de ciências criado no meado do século XIX e ainda vigente no mundo acadêmico.

De modo que falar da organização geográfica da natureza é grupar, enumerar e classificar os dados da percepção (tomados como o real de fato) numa ordem taxonômica, tomando uma forma – classicamente as formas de relevo – como a base do assentamento corológico das outras. E, então, ver estes dados em sua unidade é vê-los enquadrados nesses parâmetros lógico-formais, os parâmetros tirados da matemática e da percepção (tipos de relevo, tipos de solo, e assim sucessivamente), articulados por suas conexões quantitativas. E entender o processo de formação da totalidade é concebê-la como a soma de cada fenômeno, um a um, um após o outro, numa cadeia lógica de sucessão causal, partindo do primeiro até que o último se integre num sistema da natureza.

Dominante, este é um conceito em mutação, no plano geral do paradigma das ciências e no plano interno da geografia. Sua referência segue sendo o *Tratado de geografia física*, clássico de Emanuel De Martonne, de 1909, no qual a natureza é retratada em capítulos sempre na mesma ordem de sucessão, começando-se ora pelo relevo e ora pelo clima.

Vejamos esse *corpus* teórico resumidamente, antes de analisarmos a história do conceito e as tendências atuais de mudança.

Relevo: a base da base territorial

Desde quando La Blache afirmou ser a geografia "uma ciência dos lugares", reafirmando seu caráter corológico, a descrição geográfica parte da ideia de que a organização espacial de uma sociedade começa pelo que é sua base topográfica – o sítio geomorfológico –, sendo por isso chamada pelos historiadores de "palco do desenrolar da história", os capítulos começando pelo relevo (De Martonne, entretanto, inicia pelo clima).

Este primado do relevo na ordem da sequenciação da cadeia da organização geográfica da sociedade (até há pouco se começava os estudos de geografia urbana pelo "sítio urbano") deve-se a uma certa leitura de base corológica, que, ao tempo que reitera a concepção teleológica da natureza de Ritter, dá o fundamento do cunho político do espaço presente na geografia alemã oitocentista (a geografia da escola pura). Transtornada esta pelo problema da unidade

A INSENSÍVEL NATUREZA SENSÍVEL

territorial nacional, e cuja origem recente são as formulações teóricas de Richtofen, contemporâneo de Hettner, das controvérsias dos neokantianos e um dos criadores da moderna geomorfologia, na qual La Blache foi beber seus conhecimentos, e desde então transformado em tradição do olhar da geografia. Por isso, geralmente o capítulo do relevo é antecedido de um capítulo de abertura com noções gerais de posição e dimensões – elementos de geografia política –, a exemplo da própria obra de De Martonne e de qualquer Atlas escolar.

Tal tradição do olhar pode ser conferida consultando-se o *Dicionário da língua portuguesa* de Aurélio Buarque de Holanda, em que acerca do verbete relevo se lê: "Aquilo que sobressai por formar saliência sobre qualquer superfície relativamente plana" e "O conjunto das diferenças de nível da superfície terrestre". A primeira definição relaciona-se à noção medieval de "acidente" (Deus advertia os homens em relação a seus erros mediante a provocação de acidentes naturais), o relevo constituindo um acidente do terreno. E a segunda, à noção equivocada, advinda da primeira, que temos do relevo como o mesmo que a altimetria. Sentidos ambos popularizados pelo ensino escolar, um e outro vêm dos propósitos de tomar-se as linhas topográficas do terreno como critério de demarcação de fronteira entre os limites territoriais dos Estados, prática esta vinda da escola da geografia pura, da primeira metade do século XVIII alemão, do qual veio toda a geografia contemporânea. E que se passa desde então como um enfoque recorrente na teoria do espaço da geopolítica.

Assim, acidentes são as serras, alinhamentos montanhosos que enquadram os planaltos, que por sua vez enquadram as planícies, compondo as três formas gerais de relevo, aos quais se pode acrescentar as depressões, que são as de nível altimétrico mais baixo. O que acaba por definir e classificar as formas de relevo pelos critérios de acidente e altimetria – não os geomorfológicos realmente –, e que têm o seu realce em decorrência da sua concepção de base do encaixe corológico dos demais fenômenos da geografia.

Qual professor não baseia sua aula de relevo nos mapas de hipsometria, coloridos e "didáticos", de presença obrigatória nos livros e Atlas, maravilhando-se com a facilidade de exposição que esses mapas permitem? O verde, indicativo das áreas situadas abaixo de 200m de altitude, representando as planícies; as tonalidades de laranja, indicativas de áreas situadas acima de 200m e representando os planaltos; e as tonalidades de roxo (ou marrom), geralmente na forma de linhas alongadas, indicativas de terras de maiores altitudes e representando as serras. E qual professor não toma a classificação altimétrica do relevo para fixar na mente dos seus alunos o balizamento das extensões e

|49|

limites de localização e distinção das regiões segundo as quais se formam as áreas territoriais dos países e os seus próprios limites (novamente, a geografia oitocentista da escola pura)? Mas qual professor se deu conta de que esta leitura não passa de uma deformação matemática do fenômeno geomorfológico, fruto da confusão, por maiores que sejam as correlações, existente entre a altimetria e a geomorfologia? E qual se indagou da razão disso?

É evidente que, no geral, por força mesmo de se originarem do processo de sedimentação as planícies se formem e se localizem nas áreas de mais baixas altitudes, em razão disto mesmo suas maiores extensões localizando-se nas áreas litorâneas ou nas bacias fluviais; os planaltos se formem e se localizem nas áreas de altitudes intermediárias, por se originarem do processo do desgaste erosivo (são superfícies de aplainamento); e as cadeias montanhosas se formem e se localizem nas áreas mais elevadas, por se originarem dos desdobramentos tectônicos. A correlação, contudo, termina aí, na descrição da forma, nada servindo para a explicação e classificação do processo do modelado, uma vez que tanto no plano taxonômico quanto no genético a planície se relaciona com o processo da sedimentação, o planalto com o processo da erosão e as cadeias montanhosas com o processo tectônico – por isto mesmo o mapa geomorfológico não tendo a simplicidade visual e "didática" dos habituais mapas escolares.

É uma noção óbvia que os processos geomorfológicos, e assim as formas de relevo – a categoria teórica clássica da geomorfologia é a vertente –, têm relação com a lei da gravidade. Daí, correlacionarem-se relevo e altimetria nos seus traços gerais, sobretudo na escala planetária. O planalto, por exemplo, é "plano-alto" porque é a este nível de altitude que a erosão predomina sobre a sedimentação, o inverso ocorrendo geneticamente com a planície. Se a altimetria serve para entender a dinâmica do fenômeno do relevo, entretanto confunde e dificulta o entendimento do fenômeno real, seu processo e pressuposto da ação.

Geologia: o substrato do substrato

O relevo, porém, seria uma forma oca, uma casca vazia, sem o conteúdo geológico. O relevo, diz-se, é a forma que as camadas rochosas assumem no visual da paisagem (*geo* quer dizer terra, *morfo* forma e *logia* estudo, sendo a *forma* que distinguiria a geomorfologia e a geologia). Por isto, na medida que o substrato rochoso tem essa linha de relação direta com o relevo, ou a geologia é uma seção do capítulo do relevo ou um capítulo próprio, que vem logo após o do relevo, na sequência do trato corológico da geografia física.

Em função disso, ao lado de correlações do tipo sedimentação-planície, erosão-planalto e tectonismo-cordilheira, as formas e evolução do relevo podem ser explicadas pela correlação do tipo rocha-mole-erosão-acelerada-relevo-moderado e rocha-dura-erosão-lenta-relevo-acidentado ou do tipo dobramento-antigo-baixa-cadeia-de-montanhas e dobramento-recente-altas-cordilheiras.

Clima: a alma do substrato

O recorte geológico-geomorfológico é a unidade de encaixe corológico imediato das unidades climáticas.

Por outro lado, o clima particulariza-se pela escala da relação com os outros fenômenos da geografia física, estando presente no processo genético de praticamente todos eles. Ele é quem exerce determinação "para trás" e "para frente" na estruturação territorial da natureza, a partir do suporte geomorfológico. "Para trás", em relação ao próprio relevo (o clima é por excelência o arsenal dos agentes externos do modelado) e à geologia (é, por exemplo, o próprio fator intemperismo). E, "para frente", em relação à bacia fluvial, à hidrologia, aos solos e à vegetação. Atua, portanto, na determinação do "quadro do sistema da natureza" por inteiro. Pelo fato de o clima entrar como "fator" da formação e evolução de cada uma e de todas as demais "partes", todas elas entram reversivamente como "fatores" da sua formação e evolução.

Dada essa universalidade do clima na dinâmica corográfica da natureza, muitos geógrafos, a exemplo de De Martonne, começam o seu discurso por este capítulo, logo a seguir ao das "noções gerais".

Sua distribuição na superfície terrestre, porém, acompanha de certo modo as grandes linhas do relevo, dado a altitude apresentar-se, ao lado da latitude e da distribuição das terras e águas, como um dos principais fatores de sua formação regional. Daí, significativamente, o *Dicionário Aurélio* oferecer, entre outras, duas lapidares definições de clima: "Região onde a temperatura e demais condições atmosféricas são, em geral, as mesmas" e "Região, terra, país". Definições que por si mesmas mostram a vinculação que para o senso comum tem o clima com um ente corológico: clima é região, terra, país.

A teoria da formação do clima lembra um processo de análise combinatória. Sua estrutura é o resultado do entrecruzamento da temperatura, da pressão e da umidade do ar, os "três elementos" da formação do clima. Estes três elementos variam na superfície terrestre com a latitude, altitude, maritimidade, continentalidade etc., os "fatores do clima". Na dinâmica da formação do mapa dos tipos de clima, os "fatores" interferem provocando variações em cada "elemento" e determinando os modos locais de suas combinações, desembocando na ideia de regionalização do senso comum que o verbete do *Aurélio* tão bem capta. Esta presença dos "fatores" é, assim, a responsável pela diferença que se estabelece entre a climatologia e a meteorologia, levando o clima a ser mais que "o estado médio das condições atmosféricas de dado lugar", da clássica definição de Hann, um dos criadores da moderna climatologia, ao dar-lhe um caráter eminentemente geográfico.

A temperatura é o elemento-chave dessa climatologia clássica. Sua variação é apontada como a base da variação dos outros elementos e, assim, dos tipos climáticos na superfície terrestre. E a ação da latitude o principal "fator" de classificação dos grandes tipos de clima. A variação térmica segundo a latitude produz os regimes térmicos, grupados em quente, temperado e frio. Essa variação térmica produz, por sua vez, a variação da pressão. A pressão é menor (menor peso do ar) nas áreas quentes, com ventos ascendentes e rarefação do ar no nível da superfície terrestre, e é maior nas áreas frias, com ventos descendentes e condensação do ar, diferenciando, quebrando e desigualando a atmosfera em massas de ar, estabelecendo-se nessa combinação da temperatura e da pressão uma dinâmica de movimentação das massas de ar das áreas de alta para as de baixa pressão. A umidade, vinda da evaporação das águas das massas líquidas da superfície terrestre (oceanos, rios, lagos etc.), também varia com a temperatura. É maior nas áreas quentes (maior evaporação) e menor nas áreas frias (menor evaporação). O deslocamento das massas de ar entre as áreas de alta e baixa pressão arrasta consigo a umidade de um para outro lugar, juntando nessa combinação os três elementos e ocasionando os regimes térmicos (quente, temperado e frio) e pluviométricos (superúmido, úmido, semiúmido, árido e semiárido), de cujo entrecruzamento e combinação resultam os tipos de clima, tal como num diagrama de Venn. Essa dinâmica em latitude se repete em altitude. E tem igual performance a distribuição de terras (continentes) e mares (oceanos). As classificações de tipos de clima partem dessa teoria da dinâmica combinada dos três elementos, destacando-se as de De Martonne e de Köppen, o primeiro seguindo a referência das grandes faixas térmicas e o segundo incluindo os tipos de vegetação. As duas classificações, entretanto, se correspondem no plano geral: ao grupo dos climas quentes da classificação de De Martonne correspondem em Köppen os climas equatorial superúmido ou Af (sempre quente e sem estação seca), tropical úmido ou Am (sempre quente e com pequena estação seca) e tropical semiúmido ou Aw (sempre quente e com alternância de verão chuvoso e inverno seco), todos tipos de clima quente, por exemplo.

Mobilizando toda a energia térmica concentrada na superfície planetária, o movimento climático mais parece um artista plástico com cinzel e pincel em punho. Sobre a tela dos arranjos geomorfológicos, que dividem em grandes espaços a superfície terrestre pelas grandes linhas dos interflúvios, o clima traça o desenho e a fisionomia regional das grandes paisagens neles embutidas.

Bacia fluvial: a artéria do corpo territorial

A bacia fluvial aparece como uma decorrência dessa relação relevo-clima. A bacia fluvial é o recorte de área delimitada pelas linhas do interflúvio, formadas pelo relevo – base territorial de recepção das águas das chuvas ou do derretimento das neves vindas das condições climáticas locais –, que o formato do relevo organiza em rede. A rede fluvial é o fluxo assim organizado e hierarquizado do rio e seus afluentes no âmbito da bacia.

Lembrando, estranhamente, a metáfora medieval da relação corpo-alma (a geografia moderna está impregnada de metáforas medievais, como acidentes e catástrofes naturais), o relevo é o "corpo" e o clima a "alma", toda a cadeia do "movimento da natureza" saindo na geografia física dessa relação. A rede fluvial é a "artéria" desse casamento arrumado no recorte da bacia, o fluxo territorial das águas (pluviais ou nivais, o que dá no mesmo) sempre confundido como o subproduto da relação entre pluviometria e altimetria.

Pelo fato de as linhas de cumeada separarem uma bacia da outra, a superfície da Terra pode ser vista como uma sucessão de bacias fluviais, num mosaico que a recobre no seu todo. Esse recorte, todavia, se redesenha constantemente, dado o trabalho erosivo do próprio rio, uma erosão regressiva que leva um rio a capturar a bacia de outro, fundindo uma bacia na outra, numa dinâmica de alteração do desenho geomorfológico que conduz a trama das redes de drenagem e bacias a se retraçarem constantemente, e assim a divisão territorial das bacias a se rezonearem o tempo todo em toda a superfície terrestre.

Solo: o útero da terra

É dentre essas unidades territorialmente diferenciadas das bacias fluviais que se localizam e se desenvolvem os solos. Os solos são um outro ponto de encontro das "partes" da natureza. E ao mesmo tempo o elo de passagem do inorgânico ao orgânico. Oriundo da decomposição das rochas do subsolo ao contato com as condições climáticas locais, o solo reparte-se em microescala pelas bacias fluviais e interflúvios, em função do clima e do gradiente do relevo. De modo que a diversidade de sua forma e distribuição é a sua característica.

PARA ONDE VAI O PENSAMENTO GEOGRÁFICO?

Contudo sua relação de interação mais direta é com as formas de vegetação, de cuja determinação participa ativamente.

Vegetação: vida sem vida, antigravidade
A vegetação é o elo final da cadeia da interação relevo-rocha-clima-rio-solo, exprimindo e fechando a totalidade do processo estrutural de arrumação corológica da natureza. Por isso, é ela a forma sintética mais completa e total dessa estrutura.

Sendo o produto-síntese de todo esse encadeamento causal, nela se reúnem todos os elos e por isso nela reside o delicado segredo do equilíbrio do conjunto da natureza.

Suas raízes fincadas no solo são a argamassa que sustenta a permanência desse equilíbrio. É essa característica que por excelência chama a atenção do geógrafo. E por onde ele se orienta na sua relação com a vegetação.

Planeta Terra: uma grande máquina
O planeta Terra é, assim, um conjunto de partes autônomas, reunidas pela lei da gravidade, lei da unidade do planeta, extensiva à unidade do universo. Esta é a concepção de natureza e a fonte do nome que lhe damos.

As fontes e a evolução da concepção da natureza na geografia

A geografia está, nesta concepção, acompanhando o conceito de natureza que se torna dominante com o advento do paradigma moderno de ciência. Reforçado em sua opção pelo orgânico.

Vejamos, num curto resumo, a história desse conceito e seu modo de incorporação pela geografia.

Da natureza-divina à natureza-matemático-mecânica.
O modo como hoje concebemos a natureza tem sua origem mais remota na revolução introduzida por Nicolau Copérnico (1473-1543), no entendimento do sistema solar via teoria heliocêntrica e que a partir daí se costura como entendimento da ideia de natureza em toda a Europa. Copérnico rompe, no albor do Renascimento, com a concepção de mundo da teoria geocêntrica de Aristóteles-Ptolomeu, originada na Antiguidade greco-romana e então dominante no pensamento europeu. Ao ser uma referência à própria estrutura e característica do universo, a teoria heliocêntrica de Copérnico se mostra uma completa reviravolta no conceito vigente de mundo, inaugurando

|54|

A INSENSÍVEL NATUREZA SENSÍVEL

um período de incessantes revoluções na organização espiritual e material das sociedades, que culmina com a Revolução Industrial inglesa e a Revolução Francesa do século XVIII.

Até a teoria heliocêntrica de Copérnico, o mundo era pensado à luz da concepção de Aristóteles (384-322), aperfeiçoada por Cláudio Ptolomeu (século II), segundo a qual divide-se ele em esferas sublunar e supralunar e cujo centro é a Terra. O mundo sublunar é o mundo dos homens, por isso o mundo das coisas imperfeitas e corruptíveis (que mudam e desaparecem); já o mundo supralunar é o dos seres perfeitos, eternos e absolutos. Concepção que a Igreja traduzirá nos termos dos preceitos bíblicos: a Terra é o centro do Universo para que a partir dela os homens possam experimentar a onipresença, a onipotência e a onisciência e assim se orientar e se reencontrar com Deus.

Desse modo, mais que o simples surgimento de uma nova Cosmologia, a revolução de Copérnico significa integral releitura da ordem geográfica do mundo. Com ela mudam as noções de estrutura e de localização das coisas do mundo. E nasce a ciência moderna.

A teoria heliocêntrica dá início à astronomia moderna, baseada na mecânica celeste, e, por meio desta, à física moderna, baseada na mecânica dos pequenos corpos da superfície terrestre. A base da passagem da teoria geocêntrica para a teoria heliocêntrica, e da passagem desta para o âmbito do nascimento da ciência moderna, é a criação do método experimental por Francis Bacon (1561-1626) e Galileu Galilei (1564-1642). Por meio do método experimental, os fenômenos se tornam objeto de conhecimento mediante a investigação metódica, ganhando o conhecimento dos fenômenos um extraordinário poder de rigor e objetividade. Com o método experimental, a ciência moderna dá passos gigantescos. Um primeiro passo vem com a descoberta, por Kepler (1571-1630), da forma elíptica da órbita dos astros, com a qual ele demole a noção aristotélico-ptolomaica de um universo estruturado em esferas concêntricas, alterando a visão hegemônica da Igreja (a esfera é uma figura perfeita) em sua teoria de mundo-Deus. A invenção da luneta por Galileu Galilei torna a descoberta kepleriana da mecânica celeste uma teoria ainda mais sólida, ampliando o alcance e a precisão das pesquisas do movimento dos corpos. Aplicando os novos conhecimentos ao mundo dos pequenos corpos da superfície terrestre, Galileu Galilei verifica que também estes se comportam conforme as mesmas leis mecânicas, assestando um golpe mortal na dicotomia sub e supralunar da concepção aristotélica e avançando os alicerces para unificar a compreensão de todo o universo com base nas leis mecânicas. O mundo dicotomicamente diferenciado de até então vai se tornando um só do ponto de vista da estrutura e do funcionamento em escala universal. A consistência filosófica dessa uniformidade virá com Descartes (1596-1650), ao fundar a compreensão do comportamento dos fenômenos na geometrização do mundo. Descartes distingue o mundo do homem em *res extensa*, o mundo dos corpos externos, e *res cogitans*, o mundo do ser pensante. E organiza o mundo que nos rodeia (a coisa extensa) como um conjunto de corpos dispostos no espaço, distintos uns dos outros por suas formas e posição na extensão circundante. Esta formulação cartesiana do espaço é fundamental para a ciência nascente. Ao geometrizar a extensão do mundo, Descartes fornece a linguagem uniforme de uma concepção físico-matemática de mundo em gestação, e, ao criar a matemática moderna pela fusão de aritmética, álgebra e geometria, fornece aos cientistas a arma apropriada ao método experimental. Mas é com Isaac Newton (1642-1727), no século XVII, que o processo se completa, uma vez que a unidade físico-matemática de mundo agora se explicita, por intermédio do conteúdo de uma lei única regendo todos os corpos em todo o universo: a lei da gravidade. No século XVIII, esta nova concepção de mundo está consolidada, difundindo-se para se tornar a ideia de natureza e mundo de toda a cultura moderna do Ocidente.

A visão gravitacional significa a dessacralização da natureza. E assim um conceito novo e inteiramente distinto daquele até então vigente. A natureza ganha moto próprio, regendo-se por uma lei natural e intrínseca a ela, não mais pela ação de impulsos externos e não mais povoada por nada que não seja de essência natural. A natureza deixa de ser a morada de Deus e passa a ser concebida como tudo que se expresse por um conteúdo físico-matemático. Uma divisão dos fenômenos em função do conteúdo físico-matemático assim se estabelece, separando a natureza do resto dos fenômenos do mundo. Tudo que se repete numa constância e regularidade matemática em seus movimentos é fenômeno da natureza, e tudo que não se repete e obedece a esta regularidade não o é.

Uma grande revirada então se deu. O mundo-corpo-divino do espaço sagrado é substituído pelo mundo corpo-físico-matemático do espaço geométrico. O mundo-dos-acidentes naturais com os quais Deus interferia no destino dos homens dá vez ao mundo-das-leis-físicas-regidas-pela-matemática.

Da natureza-mecânica à natureza-desumanizada

É, todavia, um mundo dicotômico. Nem tudo nele é movimento geométrico-mecânico. Descartes distingue *res extensa*, mundo das coisas corporais, de *res cogitans*, o mundo das ideias. Galileu Galilei distingue a natureza, o mundo das "qualidades primárias", aquilo que é mensurável e quantitativo, da não natureza, o mundo das "qualidades secundárias", aquilo que não tem existência objetiva. E tanto um quanto outro qualificam o mundo numa nova divisão dicotômica.

Nasce uma ideia de natureza que, por ser mensurável e quantitativa, pode ser conhecida e controlada. Uma natureza preditiva. Galileu Galilei assim resume esse conceito, em passagem famosa de seu livro *Il Saggiatore*:

> A natureza está contida neste vasto livro, que se mantém permanentemente aberto perante o Universo; mas não pode ser lido antes de termos aprendido a linguagem nele usada e de nos familiarizarmos com os caracteres em que está escrito. Está escrito em linguagem matemática, e as letras são portanto triângulos, círculos e outras figuras geométricas, sem a compreensão das quais é humanamente impossível compreender uma única palavra. (Galilei, apud Burtt, 1989, p. 82)

Galileu Galilei sela com isto a concepção que separa o mundo entre o que está e o que não está "escrito em linguagem matemática", e dá o fundamento da filosofia que assim isola a natureza e o homem.

Em Galileu Galileu e Descartes, a natureza não está propriamente dissociada de Deus. Se a natureza é um grande relógio que funciona com a regularidade mecânica do movimento dos corpos celestes, Deus é o relojoeiro. Continua sendo o demiurgo da natureza. Observa-se aqui, porém, um grande pacto entre a ciência e a religião: a ciência cuida da coisa física, deixando o homem para a metafísica. Desta forma, o início da modernidade acerta a relação dessacralizada e utilitária com a natureza instituída pela ciência, abrindo para a expansão da economia mundana que já começa a acontecer.

Até o Renascimento, o natural e o não natural se entrecruzam, havendo entre ambos mil portas de entrada e saída. O natural pode ser a encarnação do sobrenatural e os acontecimentos acidentais e provocados por forças não naturais. Com o advento da ciência moderna, a natureza passa a ser um campo de forças racionais e lógicas, separando-se rigidamente o natural do não natural. A dessacralização é assim a passagem para a naturalização absoluta da natureza, sinônimo de desumanização, e a sua relação utilitária. Um processo que segue dois momentos.

O primeiro passo é o utilitarismo. Não se pode indagar o sacralizado, mas não há ciência sem indagação. A criação da ciência supõe então a necessária dessacralização da natureza, ao preço da rígida demarcação do mundo em físico e não físico. Por aí passa o pacto feito entre a ciência (a análise da coisa física)

PARA ONDE VAI O PENSAMENTO GEOGRÁFICO?

e a filosofia (a reflexão da metafísica). A ameaça de queimar Galileu Galilei na fogueira é o grande artífice desse momento.

A desumanização é o segundo. Não se pode conceber a natureza como movimento mecânico tendo de contemplar a presença do homem. A exclusão do homem do âmbito do mundo-físico faz a demarcação do mundo em físico e não físico ter um sentido concreto. A separação natureza-homem no plano geral da filosofia e a separação ciência-filosofia no plano específico do mundano significam fazer da natureza assunto da ciência, e do homem assunto da metafísica, efetivamente.

Da natureza desumanizada ao homem desnaturizado

Estamos, assim, perante um conceito de natureza de absoluta e recíproca relação de separação e externalidade com o homem. O mundo natural e animado de mistérios da concepção medieval, prenhe de significados espirituais, dá lugar a uma natureza fechada em si mesma, externalizada a tudo que não é físico-matemático e preditivo.

Trata-se de um conceito de natureza que determina o de homem. A natureza penetrada de subjetividade sensível de antes cede lugar à natureza morta da objetividade insensível. O homem é a externalidade da natureza, em razão de a natureza ser uma externalidade do homem. Um não faz parte do espaço do outro. Externalidades recíprocas, natureza e homem excluem-se e se opõem.

Expulso uma primeira vez ao ser excluído do paraíso por Deus, o homem é expulso agora pela segunda vez pelos físicos (mais adiante, dirá o reverendo Malthus que não há lugar para o homem no banquete da vida), só lhe restando o mundo da metafísica. Nasce a base da dicotomia homem-meio característica do pensamento moderno.

Do homem desnaturizado ao mundo tricotomizado

Separado da natureza, o homem triplica em si mesmo essa dicotomia: seu corpo é natureza e sua mente é espírito. Em consequência, seu mundo se torna tricotômico: nele separam-se a natureza, o corpo e a mente.

Se no conceito medieval de mundo corpo e mente se distinguem, consistindo precisamente nisso o rompimento do pensamento medieval com o grego clássico (na verdade, o embrião mais remoto da moderna dicotomia homem-natureza já está presente no pensamento judaico-cristão), todavia eles não se demarcam ainda rigidamente. Corpo e mente se movem naquele conceito dentro de fronteiras fluidas. A dicotomização rígida só vem com o nascimento

|58|

da física. Se até então o homem integrava-se conceitualmente ao mundo circundante, mesmo que nos termos teleológicos do cristianismo, no pensamento científico moderno dele se aparta inteiramente. E, se antes a condição natural do homem ficava relativizada da ideia da criação, desaparece ela agora de todo numa natureza inteiramente fundida ao paradigma mecânico.

Há, entretanto, uma ambiguidade nesse mundo tricotomizado. O corpo do homem faz parte do mundo da natureza, provam-no os anatomistas. O espírito, não. Segmentado diante do mundo, o homem fica segmentado diante de si mesmo. Como no poema *Ismália*, de Alphonsus de Guimaraens, "sua alma subiu aos céus, seu corpo desceu ao chão". Enquanto no conceito medieval o homem apenas perdera sua imortalidade, no físico perdeu ele a integralidade.

Quando Descartes opera a geometrização do mundo (a *res extensa*) e com ela lança as bases que tricotomizam a existência humana, sente que separara sujeito e objeto como qualidades distintas, criando um impasse filosófico para o processo do conhecimento do mundo: diante da separação entre a *res extensa* e a *res cogitans*, como pode o homem vir a conhecer o mundo, se qualitativamente dele não faz parte? A solução para esse impasse, sabemo-lo, Descartes encontrou em Deus, a substância comum. Essa fórmula, que até para além de Kant-Hegel se arrastará como um desafio aos filósofos, significa a radicalização do sentido utilitário. Tricotomizado em si mesmo, o homem é o modelo de tricotomização do mundo, dividido em corpo-mundo (a grande máquina cósmica), o corpo-humano (a pequena máquina humana) e a mente (o humano verdadeiro). Deus, o grande arquiteto desse mundo desintegrado, salva-o como sua substância unitária.

Do mundo tricotomizado à natureza pulverizada

O princípio da tricotomia se traduzirá numa pulverização da natureza: a redução do entendimento da natureza ao corpo físico quebra-a numa quantidade infindável de corpos separados pela mesma recíproca relação de externalidade.

A forma geométrica própria de cada corpo o individualiza na extensão do mundo. Este princípio da percepção se absolutiza no princípio da moderna ciência da física: todo corpo ocupa um lugar no espaço e cada lugar só é ocupado por um corpo. O espaço cartesiano é o grande aliado desse fragmentarismo: a extensão acolhe, individualiza e externaliza os corpos como entes que se interligam apenas por relações matemático-mecânicas.

A desintegração física do mundo se completa, portanto, nessa natureza infinitamente fragmentária, formada de objetos que se diferenciam e se distanciam reciprocamente por seu lugar no espaço.

PARA ONDE VAI O PENSAMENTO GEOGRÁFICO?

Um corpo entre tantos, o homem submete-se a esta lei de externalidade espacial entre os corpos naturais, individualizando-se nessa pulverização radical das coisas físicas do mundo. Mundo onde a partir de agora está, não mais é.

Da natureza pulverizada à natureza-técnica

A natureza torna-se, assim, no pensamento moderno, uma coleção de coisas físicas, como a rocha ou a chuva, que se interligam pelas relações espaciais externas, de origem mecânica e matemática. Coleção de corpos de movimento apreensível, previsível e controlável em face de seu comportamento repetitivo, regular e constante, e por isto regido por leis preditivas – a exemplo de um metal quando submetido ao aquecimento no laboratório, comportamento que permite colocar o movimento desses corpos a serviço do progresso material das sociedades –, a natureza torna-se uma grande máquina, uma engrenagem de movimentos precisos e perfeitos, que o homem pode controlar, transformar em artefatos técnicos e explorar para fins econômicos.

Esse conceito cuja condição de objeto (objetificação) é o estatuto ôntico e cuja condição de coisa físico-matemática (fisicidade) é o estatuto ontológico representa a ideia de natureza que se firma no século XVIII. Um conceito que, no limite, atinge o próprio estatuto ôntico-ontológico do homem.

Por outro lado, não é preciso muito esforço para se notar o vínculo que tem esta concepção mecanicista com a revolução industrial em andamento na economia das sociedades europeias.

Desde o seu nascimento, a ciência moderna está comprometida com o projeto histórico de construção técnica do capitalismo. Por isto, nascem juntas a física de Galileu Galilei e a medicina de André Vesálio (1514-1564) como possibilidades de constituir paradigmas, mas é a física que vinga como paradigma da modernidade, numa espécie de filtragem de modelo de saber que privilegia o desenvolvimento da exploração da natureza pela máquina. E neste momento é a física o saber que se adequa a este modelo melhor que outros. Daí, o conceito de natureza adquirir o sentido físico (ainda hoje a natureza e o mundo físico são tidos como a mesma coisa) e o valor prático que o leva a desembocar no século XVIII na Revolução Industrial. A visão do sistema solar como uma grande engrenagem, que depois será generalizada para o todo da natureza no universo, é a antessala da revolução científico-técnica cujo ensaio é a manufatura, o embrião da fábrica moderna e contemporânea do nascimento da física. Resultando em a ciência nascer com a cara da física, a natureza com a do relógio, a manufatura com a da máquina e a física com a da economia política nascente.

A INSENSÍVEL NATUREZA SENSÍVEL

Da natureza técnica ao homem-força-de-trabalho

Era preciso, porém, adequar também o conceito de homem a este conceito paradigmático. Também ele devia ser visto pelo prisma físico, passível de manejo técnico. Precisamente aqui a física é contemporânea do nascimento da economia política.

A fábrica, um universo de movimentos mecânicos, representa uma miniatura da engrenagem da natureza. Mas nela a natureza se move num novo formato: entra sob uma forma e sai sob uma outra, totalmente transformada. Deste modo, a natureza é vista pela fábrica como um amplo e inesgotável arsenal de recursos a ser transformado em produtos de valor econômico. E a fábrica nasce, assim, como uma máquina altamente consumidora de corpos.

O corpo humano é um desses corpos. Contudo difere dos outros corpos pelo seu valor de uso específico, justamente o de força física e mental capaz de arrancar a matéria-prima bruta da natureza e transformá-la em produtos próprios ao uso e consumo no âmbito da fábrica. E vale para o sistema na medida que é força-de-trabalho.

Nesta fusão da natureza com a fábrica, que faz da física uma espécie de vertente da economia política, o homem tem o mesmo destino dado à natureza, e recebe o mesmo tratamento utilitário e pragmático dado a esta. Mas aqui se estabelece uma situação de ambiguidade, que aos poucos vai se revelando uma das maiores contradições a tensionar o sistema: por um lado, o homem é um entre outros tantos corpos, como o minério de ferro e o carvão mineral, que o sistema fabril vai retirar do entorno para consumir industrialmente; por outro, é uma forma distinta de natureza, porque lida com ela numa relação de sujeito e objeto.

Estamos no século XVIII e observamos a concepção cartesiano-newtoniana de natureza deslocar-se do campo da física para o da economia política, com ponto de encontro na fábrica, arrastando o homem na mesma direção de tudo ver como força produtiva para fins de acumulação de capital, atuando como o demiurgo que desde o início estivera na origem do novo paradigma.

Do homem-força-de-trabalho ao triunfo do paradigma físico

Seja como for, com a revolução industrial completa-se o processo da construção da ciência moderna assentado na física. E por força de sua plena consonância com a economia política da indústria, o modelo de ciência da física se torna o paradigma geral do conhecimento humano. Primeiro à química, depois à biologia, a física vai transferindo para cada ciência o método experimental e a concepção da natureza como um sistema de corpos

|61|

ordenados num espaço cartesiano e orientados nas leis do movimento mecânico com que opera. Logo o estenderá à economia e à psicologia, entrando pelas ciências do homem.

É no século XIX, porém, que a referência no modelo da física se ergue como um paradigma geral, referenciado pelas mãos do sistema de ciências do positivismo.

Sua base é o método experimental-matemático. Consiste este método em isolar o fenômeno do seu meio, para analisá-lo no ambiente fechado do laboratório, onde seu comportamento pode ser reproduzido à exaustão, até que da repetição exaustiva surja a descoberta do padrão de constância matemática que covalide a regularidade da repetição como lei. A experiência vai sendo reproduzida com outros fenômenos semelhantes, generalizando-se e validando a lei descoberta para toda a mesma espécie como lei de valor universal. É o exemplo de como Newton procedeu com a descoberta da lei da gravidade. Um exemplo primário e típico é o da pesquisa dos metais. Na pesquisa, investiga-se um tipo determinado de metal. Submetido a níveis alternados de aquecimento, constata-se que o volume do metal dilata-se em tanto ao se aquecer de tanto e reduz-se em tanto a tanto de esfriamento. A experiência é repetida inúmeras vezes, em vista de evidenciar a constante matemática, levando, assim, a compor-se a teoria de valor universal para todo o reino dos metais. A chave do processo é o conceito de repetição e regularidade, de tal modo entendidos como o movimento que se reproduz sempre dentro da mesma margem de proporções matemáticas, numa constância que possa ser declarada lei científica. Foi assim que Newton, consolidando as leis descobertas pelos cientistas que o antecederam, validou a lei da gravidade como uma lei de valor geral para todos os fenômenos da natureza no universo, fundando a física como paradigma.

Do triunfo do paradigma físico à crise da concepção mecânica de movimento da natureza

A multiplicação e generalização da física como padrão de ciência válido para toda a diversidade das ciências são a origem do primeiro problema da ciência moderna, levando ainda no século XVIII aos primeiros questionamentos.

Enquanto instrumenta a investigação dos fenômenos de outros campos que se conduzem por movimentos mecânicos, este paradigma vê-se confirmado. Todavia, a ciência e a indústria passam a generalizar a investigação para fenômenos da mais variada natureza de movimentos, e sua universalidade então é posta em xeque. De um lado, as ciências, transformadas em forças produtivas com a Revolução Industrial, fazem a investigação enveredar na direção da estrutura interna da natureza, saindo das relações de externalidade, sobre as quais a física edificara conceitualmente suas teorias, para as de internalidade, em relação às quais, consequentemente, não está instrumentada. E iniciam o questionamento do naturalismo mecanicista. A química pesquisa a estrutura interna da matéria. A biologia pesquisa a transfiguração da matéria por referência aos processos da vida. Ambas entram em contato com formas novas de movimento, a química com o movimento de transformação e conservação de energia, e a biologia com o movimento de evolução das espécies, a lei da conservação e a da evolução, dando impulso a uma ruptura com a concepção da natureza máquina.

Simultaneamente, o uso desses novos conhecimentos pela indústria vai orientando os processos de produção para estes novos rumos, consolidando no cotidiano da sociedade as novas concepções de organização e movimentos da natureza que as novas formas de ciência estão validando.

De maneira que o desenvolvimento industrial necessita agora ultrapassar o estreito horizonte da ciência que lhe servira de base em sua arrancada desde o Renascimento, trocando-a por outra mais adequada ao desenvolvimento da técnica. Mesmo que a ciência tenha de romper o pacto de partilha de concepção de mundo que fizera com a Igreja na primeira fase.

Os termos desse pacto já não podem mais ser mantidos na fase técnica avançada em que o capitalismo entra agora. E cabe à química, mais que à biologia, com que se iniciara a crítica prática do naturalismo mecânico elaborado com referência na velha física, criar o novo modo de entendimento.

Não se trata, porém, de romper com o paradigma, mas readequar a visão de natureza referenciada na física e na matemática para o universo ampliado das ciências. Cada ciência vai então compondo seu universo e seu arsenal de conhecimento, mantendo como linguagem o padrão da física e da matemática. É assim com o próprio Newton, que já prenuncia a crise do paradigma mecânico quando observa em suas pesquisas que luz e som não obedecem à teoria do movimento corpuscular em que se assenta a física clássica, antes seguindo o movimento ondulatório que um outro cientista, o holandês Huygens (1707-1695), autor do primeiro tratado completo da teoria das probabilidades, descobrira. De forma que o movimento ondulatório e o movimento corpuscular passam a coabitar no âmbito da física newtoniana. E assim também acontece com Lineu (1741-1783) e com Buffon (1707-1788), biólogos cujo sistema de classificação dos vegetais e animais, respectivamente, já prenuncia a ideia da evolução, não contemplada no paradigma do movimento mecânico (corpuscular ou ondulatório).

Mesmo a descoberta da lei da transformação e conservação da energia, que equivale já a uma ruptura com o paradigma do naturalismo mecanicista,

PARA ONDE VAI O PENSAMENTO GEOGRÁFICO?

e com a qual Lavoisier (1743-1794) dá início à química moderna, sepultando o último vestígio da concepção aristotélica de natureza e de mundo, mesmo ela apresenta esse caráter de manter o sentido de base do paradigma físico-matemático. Com a lei da conservação da energia Lavoisier está substituindo a teoria aristotélica das quatro substâncias estruturadoras da natureza (água, fogo, vento e terra), de origem pré-socrática, pela teoria atomística da composição química do ar e da água, e com isto introduz no estudo de movimento da matéria uma lei nada mecanicista, cujo enunciado "na natureza nada se perde e nada se cria, tudo se transforma" na prática reafirma a evolução, e põe em pé de igualdade o movimento mecânico e o movimento de autotransformação da matéria, pluralizando toda uma teoria espacial e de essencialidade do movimento da natureza.

A ideia de movimento que traz mais impacto, contudo, é a oriunda do desenvolvimento da biologia. A biologia prova o pertencimento empírico dos homens e demais seres vivos ao mundo da natureza, tanto quanto os entes do paradigma físico-mecânico. Assim como com a lei da conservação da energia, de Lavoisier, as pesquisas de naturalistas e biólogos, Lamarck (1744-1829) à frente, vão ombreando o movimento evolutivo das espécies ao estatuto epistemológico do movimento mecânico dos corpos.

E traz mais impacto ainda a descoberta do movimento social, manifesto no mundo prático e institucional da sociedade, o primeiro em face da Revolução Industrial e o segundo em face da Revolução Francesa de 1789.

Da crise da concepção do movimento mecanicista da natureza à busca de um encaixe conceitual unitário para a natureza, o homem e o mundo

É sobre esta descoberta da multiplicidade de formas de movimento e a necessidade de incorporá-las ao pensamento que se debruça a filosofia europeia, da filosofia idealista alemã – tanto a filosofia crítica de Kant (1724-1804) quanto a filosofia romântica de Fichte (1762-1814), Schelling (1775-1854) e Hegel (1770-1831), o trio que introduz o sentido da história e a dialética na filosofia alemã – à filosofia positivista – tanto de Comte (1798-1857), com seu naturalismo mecanicista, quanto de Spencer (1802-1903), com seu naturalismo organicista.

Até então o pensamento lidara com o problema dos objetos corporais e suas relações, respondendo no campo das ciências com o paradigma do naturalismo mecânico. A implosão desse paradigma pela descoberta da pluralidade das formas de movimento cria uma nova situação a se pensar. Se sua vida define-se dentro da sua relação com a história, não pode o homem ter uma relação de

|64|

externalidade com seu mundo. E se as outras formas de movimento falam de uma história de evolução e transformação da natureza e do homem, o mundo não pode reduzir-se a uma coleção de corpos. São questões que vão aparecendo à reflexão dos pensadores. O pensamento alemão é o primeiro a sair em busca da elucidação desses problemas.

No paradigma físico, a experiência é uma prática realizada pelos objetos. Kant vai alterar esse conceito de experiência, entendendo-a como uma prática de relação do homem, por intermédio da sensibilidade e do entendimento, com o mundo interno e externo. Portanto, rompe com a concepção dicotômica de relação sujeito-objeto da concepção cartesiana, colocando os homens e os fenômenos dentro da mesma relação do mundo. A experiência humana começa na experiência sensível, fonte real do conhecimento, que, todavia, só se efetiva quando organizado pela razão. Nisso Kant reafirma, ao tempo que leva as relações dos corpos para além dos laços quantitativos e o conhecimento para além da evidência do conteúdo matemático, o paradigma da física newtoniana. Natureza é, para Kant, o que nos vêm à percepção por meio da experiência sensível. Um conceito que mantém o mundo como uma coleção de corpos organizados por leis físico-matemáticas, mas explicados pelos conceitos *a priori* da razão.

Buscando sistematizar no plano filosófico o paradigma físico-matemático, Kant toma este paradigma para base de sua epistemologia e a dicotomia que dele é própria, e com isso sendo levado a afirmar a incapacidade da ciência de dar conta da coisa em si.

Hegel radicaliza esta reflexão. A natureza é para Hegel a ideia que se alienou na matéria. Daí, estarem separadas a natureza e o espírito, porém como um momento do movimento da ideia. A dicotomia natureza-espírito, que permanece em Kant por força do compromisso do seu sistema com o paradigma da física, desaparece no sistema hegeliano. Existe como estado real, mas apenas enquanto perdura a alienação do espírito. Radicalizando o deslocamento kantiano dos fenômenos externos para dentro da percepção humana, Hegel entende a experiência como um estágio do movimento da consciência. A sensibilidade (que Hegel denomina de consciência ingênua) e o entendimento (a que chama consciência do sujeito ainda dicotomizado com o objeto), que a organizam no conhecimento (um momento da consciência para o filósofo), são formas primárias para Hegel. São a natureza e o homem ainda dicotomizados, porque a alienação do espírito só mais para frente (os sujeitos-objetos encontrados no espírito absoluto) será resolvida, com a autoconsciência (o encontro do homem com a natureza por intermédio dos sujeitos-objetos idênticos).

PARA ONDE VAI O PENSAMENTO GEOGRÁFICO?

Kant e Hegel mostram, todavia, grande dificuldade de conciliar sua filosofia com a necessidade de adequar o parâmetro das novas ciências com o paradigma físico-matemático. Vai fazê-lo August Comte.

Comte, tal como a filosofia romântica do idealismo alemão, também parte da filosofia de Kant, mas a fim de reafirmar o primado da experiência sensível e validar o naturalismo mecanicista como paradigma de conhecimento.

Segundo Comte, o conhecimento humano conhece em sua evolução histórica três etapas (lei dos três estados): a teológica (religião), a metafísica (filosofia) e a positiva (ciência). Esta evolução segue uma linha de progressão que leva da forma mais primitiva de conhecimento, a religiosa, à mais desenvolvida, a científica, com momento intermediário na filosofia, a metafísica. No seu processo, o conhecimento científico reproduz esta evolução histórica internamente, incorporando a fase menos desenvolvida em seu avanço até a mais desenvolvida, que expressa.

Na sua estrutura, as ciências seguem esta mesma evolução, encarnando-a num sistema. De modo que as ciências compõem em sua organização um sistema integrado que tem na base a forma mais geral e simples, da qual o conhecimento evolui na direção do mais específico e mais complexo, numa reprodução da história de incorporação por acumulação, seguida pelo conhecimento humano em seu processo de desenvolvimento dos três estados. A matemática – a rigor a primeira forma de ciência moderna, criada por Descartes com a fusão de aritmética, álgebra e geometria na geometria cartesiana, e emprestada ao mundo com o conceito de *res extensa* – é a forma mais simples e geral de conhecimento, portanto a base sobre a qual se assenta a física, seguida da química, da biologia e por fim da sociologia, forma mais específica e mais complexa, e assim a mais acumulativa. Cada ciência sintetiza em si o conteúdo da que lhe antecede na ordem da sequência, de forma que em todas elas o conteúdo acaba por ser a explicação particular desse conteúdo geral que é o físico-matemático. Com isto, Comte centra o conhecimento humano nas leis físico-matemáticas, reafirmando-as como paradigma.

Assim, se o cartesianismo-newtoniano antes reduzira a natureza às leis invariáveis da física e da matemática, numa conceituação que separa o homem da natureza, o positivismo mantém a referência nesse paradigma, mas a fim de incluir o homem na sua abrangência por meio da física social (sociologia).

O positivismo é, destarte, uma reunião de todas as ciências surgidas desde a revolução heliocêntrica de Copérnico, incorporando-as e hierarquizando-as na sequência da progressão em que surgiram no tempo, donde ter por características: 1) a transformação da filosofia numa filosofia da ciência (uma

A INSENSÍVEL NATUREZA SENSÍVEL

ciência da ciência), eliminando o antigo pacto entre a metafísica e a ciência; 2) a redução dos fenômenos às coisas do mundo sensível e as relações entre coisas; 3) a reafirmação metodológica do paradigma experimental-matemático da física; 4) a padronização do movimento dos fenômenos na regência das leis físico-matemáticas; e 5) o encadeamento e hierarquização linear das ciências num sistema de ciências no sentido da mais simples e geral para a mais específica e complexa.

O positivismo reafirma a diferença dos fenômenos nas esferas do inorgânico, orgânico e humano, todavia para afirmá-los como distintos e harmonizados essencialmente no plano das leis físico-matemáticas que têm como base comum. Comte chama de física social à ciência da sociedade, que segundo ele encima o seu sistema de ciências.

Nessa reafirmação paradigmática, o positivimo proclama a coisificação do mundo e o mundo como uma coleção de coisas que se individualizam umas das outras por suas características formais, ao tempo que se relacionam pelas suas relações matemáticas.

O sistema de ciência é o retrato da coisidade do mundo no plano da consciência, havendo tantas ciências particulares quantas forem as coisas do mundo. Nesse sistema, a cada ciência cabe a tarefa de analisar uma parte do todo, e, à matemática, a sua unidade sistêmica.

O surgimento da teoria de Charles Darwin (1809-1882) reorienta a concepção física do positivismo, surgindo uma segunda fase com Spencer. A concepção de natureza de Comte já inclui a noção da evolução, combinada, porém, com a mecânica. Por isto, Comte apresenta uma concepção evolucionista das ciências e do conhecimento científico – é Spencer, contudo, quem vai lhe dar o conteúdo evolucionista da segunda fase, via uma leitura organicista de Darwin.

Provando em seu livro de 1859, *A origem das espécies*, que o homem se origina da evolução natural, portanto do desenvolvimento histórico natural da própria natureza, Darwin, de uma só penada, fere de morte o paradigma físico da natureza e o pacto ciência-metafísica concertado nos albores da modernidade. E ao retirar o homem do reino do céu para fincar suas raízes no reino da terra, Darwin lança com isto as bases de uma nova forma de entender a natureza e o homem.

Herbert Spencer reelabora o positivismo com base nessa ideia de Darwin. Enquanto Comte tomara por base o paradigma físico-matemático, enfocando o positivismo no naturalismo mecanicista da física newtoniana, Spencer o enfoca no naturalismo orgânico da biologia de Darwin, referenciando o discurso da natureza não nos corpos inorgânicos, mas nos organismos vivos. Entretanto,

PARA ONDE VAI O PENSAMENTO GEOGRÁFICO?

Spencer tem o cuidado de manter o foco centrado nas leis físico-matemáticas, numa combinação de lei da evolução e lei da gravidade, sob o primado desta. Assim, a noção de harmonia se inspira na noção orgânica do funcionamento dos corpos vivos, que remete à ideia do organismo do corpo como o protótipo da máquina perfeita. É assim que Spencer vê a sociedade humana, como um grande organismo.

O próprio Darwin favorece este embutimento paradigmático, ao referenciar o arcabouço teórico da evolução das espécies na lei da população de Thomas Robert Malthus (1766-1834). Segundo Malthus, a dinâmica da população obedece a leis matematicamente rigorosas: a população cresce segundo uma progressão geométrica, enquanto a produção de alimentos cresce segundo uma progressão aritmética, surgindo assim a tendência ao desequilíbrio e às tensões, que se pode evitar por meio da contenção da natalidade. A teoria de Malthus está portanto de acordo com o paradigma matemático, todavia dando-lhe a plasticidade do poder de intervenção humana: o rigor matemático pode ser mitigado pelo retardo do momento do casamento pelos homens. Malthus expõe estas ideias no seu livro *Ensaios Sobre os Princípios da População*, de 1798, simbolicamente o ano do nascimento de Comte, e momento em que a revolução industrial inglesa encontra-se em fase de aceleração.

Se por um lado a teoria de Malthus materializa na consciência da massa dos homens seu poder de intervir na natureza e administrá-la de alguma forma, por outro, infunde o temor do desemprego e da fome, em face do fantástico êxodo rural que promove, concentrando enorme exército de reserva de trabalho nas cidades. Malthus transporta este quadro social para sua teoria da população, na qual um fenômeno social é apresentado como um fenômeno orientado por leis naturais. O que vai chamar a atenção de Darwin será o tom de naturalidade físico-matemática que Malthus empresta às tensões sociais e a maneira como faz a leitura ao revés, transportando o ambiente social para o ambiente natural, onde a luta de classes vira a "luta pela vida" entre as espécies.

A sociedade industrial inglesa é a referência comum de Malthus, Darwin e Spencer, todos ingleses, e, portanto, intérpretes, cada qual em seu tempo e terreno, do quadro de conflitos de época que conhecem. Spencer vive a Inglaterra do começo da segunda Revolução Industrial e troca os sinais do movimento que levara de Malthus a Darwin, trazendo a teoria deste último de volta para o quadro social do começo do século XX, naturalizando a tensão social do seu tempo no quadro do naturalismo organicista que retira das obras de Darwin.

Da busca de um encaixe unitário para a natureza, o homem e o mundo à economia política da natureza-fator-terra de produção

Com o positivismo, o pensamento moderno se integra num sistema completo de ciências que vai da matemática e da física à sociologia e à economia. Tal como no trabalho da indústria, no sistema de ciências, cada ciência tem a sua função parcelar. A separação dos fenômenos em esferas, em que antes apenas se indicava diferenças e agora é tornada referência do sistema de ciências, plano no qual se movimentam as especializações, cada ciência se especializando numa porção das esferas, o todo das ciências traduzindo uma divisão científica do trabalho unida pelo sistema econômico. É quando, então, ganha sua expressão máxima a relação utilitária e dessacralizada da natureza física do período do Renascimento, o arsenal da natureza virando o fator-terra da moderna economia e as ciências naturais, o seu inventariante.

Jevons (1835-1882), Menger (1840-1921) e Walras (1834-1910) são os criadores da teoria econômica desse encaixe, a economia marginalista, um discurso dos fenômenos econômicos dissociados dos fenômenos sociais, tema de especialização da sociologia. Três grandes características particularizam essa forma da ciência econômica, instaurada sob os parâmetros da filosofia positivista: 1) a substituição da abordagem macro pela abordagem micro na economia; 2) a substituição da teoria do valor trabalho pela teoria do valor utilidade-marginal; 3) a substituição da determinação da produção pela determinação do consumo; e 4) a substituição do conceito político-social do fenômeno econômico pelo conceito puramente econômico.

A terceira característica comanda o novo discurso. A propensão a maximizar as satisfações, própria da natureza humana, orienta a relação econômica. Há o entendimento de que o comportamento psicológico, modo como o processo do consumo é concebido, representa o fundamento da economia. O processo econômico é o encontro da produção com a propensão de consumo dos indivíduos, visando a atender a maximização da sua satisfação. E a função da ciência econômica é conhecer os limites da maximização do consumo, um ato subjetivo do indivíduo, de forma a orientar o movimento da produção e do mercado.

Considerando-se que o valor dos bens relaciona-se à maximização das satisfações humanas, a teoria neoclássica, como a economia marginalista também é chamada, vincula economia e psicologia humana, usando da econometria para fazer da economia uma ciência tão matematicamente rigorosa e preditiva quanto a física.

O processo econômico passa a ser, assim, a administração da proporção da combinação matemática dos fatores que organizam a produção, em vista do cálculo dos benefícios da repartição da riqueza: a terra, o trabalho e o capital. Terra, trabalho e capital são justamente os fatores que entram na produção e saem da proporção e numa expressão que deve estar em equilíbrio. Assim, aos três fatores de produção devem corresponder as três formas de repartição da riqueza, respectivamente a renda fundiária, o salário e o lucro. Da produção sai a mercadoria e da repartição sai a moeda, o equilíbrio do sistema econômico se estabelecendo na exata proporção da correspondência dos circuitos da mercadoria e da moeda, tal como no circuito do sistema solar o movimento dos corpos estabelece o equilíbrio do universo. Basta o conhecimento econométrico desse movimento para que o equilíbrio do sistema econômico se estabeleça.

Sob o termo terra, a economia clássica referia-se no passado ao solo agrícola, como meio de produção por excelência da economia agropastoril. Com o advento da indústria, terra passa a ser todo o arsenal dos recursos naturais de um lugar. E é esse conceito prático e utilitário da natureza, já embrionado no paradigma físico-matemático do século XVIII, o século da economia fisiocrata, que ganha sua expressão máxima com a ciência positivista dos séculos XIX-XX. A natureza e o homem são ambos amplamente transformados em fatores de produção, a boa ciência significando o uso econômico o mais racional possível – racional denotando custos e lucros – desses recursos, valorizando o papel do fator encarnador dessa racionalidade, o fator capital. Se a redução utilitária nascera antes, o pragmatismo máximo é atingido agora. Parte componente de um mundo de coisas, a natureza ganha o expressivo nome de minérios, solo agrícola ou fonte de energia. E é negociada no mesmo mercado no qual o capital fará negócio com a força de trabalho.

Da economia política da natureza-fator-terra de produção à natureza da geografia física
A geografia física que conhecemos nasce e expressa então esse contexto de especializações e valores práticos do pragmatismo industrial do século XIX. Exprime-se nesse âmbito como uma especialista da natureza inorgânica, com a função de inventariar sua repartição e arrumação corológica na superfície terrestre para os fins do seu uso prático na sociedade. Razão por que muitas vezes ela cruza, em seu mister de inventário da natureza segundo os lugares do espaço, com a geografia política e a geopolítica (Costa, 1992).

É preciso, no entanto, distinguir a ciência que aparece em dois diferentes tempos na história da geografia moderna sob esse mesmo nome. Uma coisa é a geografia física do século XVIII. Uma outra diferente é a geografia física que surge a partir da segunda metade do século XIX. A primeira é a geografia holista, que aparece em autores como Ritter e Humboldt. A segunda é a atual, e designa um coletivo de ciências particulares especializadas na pesquisa e no conhecimento fragmentário dos pedaços da natureza inorgânica para os fins práticos da sociedade.

A rigor, as frações setoriais surgem primeiro, a geografia física como um nome do coletivo surgindo depois (e o *Tratado de geografia física*, de De Martonne, é o que melhor a representa). A geomorfologia, a climatologia, a hidrologia/hidrografia, a oceanografia e a biogeografia surgem todas a partir da segunda metade do século XIX: a geomorfologia em dois ambientes, na Alemanha, com Walther e Albrecht Penck, depois Ferdinand von Richtofen (1833-1905), e nos Estados Unidos, com William Morris Davis (1850-1934); a climatologia na Alemanha, com Hann; e assim as demais. E é o efeito da fragmentação e especialização que os saberes experimentam no contexto do positivismo, cada campo setorial da geografia originando-se na fronteira das ciências congêneres, como vimos no capítulo anterior ("As filosofias e os paradigmas da geografia moderna"), todas trazendo para a geografia as características da teoria e do método das fronteiras de origem, da qual extraem seu perfil e alimento ainda hoje, com aquelas vivendo um cotidiano de relação mais intenso que com suas congêneres internas da geografia humana sistemática. São geografias físicas parcelares tanto quanto são ciências parcelares as ciências de suas relações de fronteira, compartilhando com elas o mesmo conceito, o mesmo enfoque paradigmático e o mesmo projeto de relação utilitária com a natureza dentro do sistema econômico atual.

Para a crítica do conceito de natureza na geografia

Uma longa história de padrão de ciência identifica a geografia física e sua ideia de natureza com o paradigma da física. A crise desse paradigma e o surgimento de novos rumos que isto aponta para a própria física, com o advento da física relativista e do pensamento quântico, abre para o debate dos rumos do conceito da natureza – e da própria geografia física – na geografia.

O paradigma ecológico
Em que consiste este paradigma para o qual o pensamento atual caminha em caráter generalizado acerca da natureza e do homem? Vimos que a abordagem da natureza a partir do interior da sua história, isto é, da natureza como história natural, já é visível nas revoluções conceituais introduzidas por Lavoisier, via química, e Lamarck, via biologia, que ganha impulso definitivo no século XIX com a revolução de Darwin. Notamos que, no correr do século XVIII, os iluministas concebiam que tudo tinha uma natureza – daí, diferirem natureza

|71|

PARA ONDE VAI O PENSAMENTO GEOGRÁFICO?

e fenômenos naturais –, da qual brotava sua concepção de holismo. Mas é com Haeckel (1834-1919), que a batiza de ecologia, que esta abordagem nasce em 1866. Será preciso, todavia, que então se assimilem expressões e teses de um discurso global da natureza e do homem a fim de que o enfoque ecológico amadureça como nova leitura do mundo. Assim, durante todo o período que se estende do século XIX ao XX aparecem noções do tipo "formação vegetal", "comunidade biótica", "ecossistema", "cadeia trófica", para, enfim, se constituir em linguagem e raciocínio formados. A inspiração é a *Geografia das plantas*, de Alexander von Humboldt, obra de 1808.

A concepção ecológica é uma explicação holista do mundo, tomando por referência o processo de síntese da vida realizada por meio da integração entre o inorgânico e o orgânico, via o processo de fotossíntese, tal como Humboldt desenvolvera em seu livro. O movimento do todo é visto como uma transfiguração da relação abiótico-biótico numa cadeia de recíproca interação. Essa versão holista, contudo, acaba por adquirir um sentido estritamente biológico. Até que ecologia passa a ser concebido como um termo alusivo a um enfoque.

Há, pois, uma espécie de inversão. Se o paradigma cartesiano-newtoniano unifica a natureza a partir do movimento físico, excluindo e hierarquizando a partir dele, o paradigma ecológico unifica-a e a diversifica a partir do movimento da vida. É um paradigma, portanto, mais aberto e plural em mediações que o primeiro. Ele converte o processo da natureza num movimento de seguidas novas sínteses, orientando as formas de movimento no sentido das ressintetizações. Cada forma de movimento participa da produção/reprodução da vida, sem que uma elimine a outra, tudo convergindo para o aumento do leque da diferenciação da natureza no mundo, num crescendo de biodiversidade.

Este é um conceito que resgata o sentido de abrangência e complexidade abandonado pelo paradigma físico. E, ao mesmo tempo, há neste paradigma algo de inusitado para a geografia física. Além do inorgânico e do orgânico, o aspecto social participa da espiral das ressintetizações. Tanto os aspectos inorgânicos (abióticos) quanto os orgânicos (bióticos), como também os aspectos sociais (mais que a pura relação homem-natureza), participam da composição do movimento. Agindo como entes e processos e não como "fatores" de uma causalidade externa. Desse modo, enquanto no velho paradigma temos pedaços dissociados do real, analisados de forma isolada por suas respectivas ciências particulares (na geografia física, a geomorfologia, a climatologia, a hidrologia e a biogeografia), no novo paradigma, a natureza tende a ser tomada na integralidade do circuito da sua diferenciação.

A INSENSÍVEL NATUREZA SENSÍVEL

O espaço da espiral

Ademais, está implícita nessa abordagem a ideia de que a natureza evolui em espiral, e não em ciclos que se fecham sobre seu próprio ponto inicial de partida.

Isto significa que a natureza não se reduz a um paradigma de movimento, mas a uma face múltipla de que participam tanto o movimento físico (como um todo inorgânico, fragmentário e mecânico) quanto o biológico (como um todo orgânico, unitário e vivo), e o humano (como um todo centrado no metabolismo homem-natureza), porque a natureza é antes de tudo história.

Alguns temas, assim, ponteiam as reflexões:

A síntese da vida é o elo que une e separa a diversidade da natureza – A natureza é ao mesmo tempo o inorgânico e o orgânico, o fragmentário e o unitário, o mecânico e o vivo. É a unidade da diversidade e a diversidade da unidade, numa relação cíclica de reprodução em espiral. Isto porque a síntese da vida é o vir a ser que unifica-dissocia para adiante unificar e de novo dissociar a natureza, num processo de transmutação permanente. Mas se o paradigma ecológico se centra nesse movimento, dele retirando sua enorme superioridade de enfoque da natureza em relação ao paradigma cartesiano-newtoniano, sua limitação ao plano biológico é ainda uma redução do sentido histórico da vida. A implicação maior dessa redução é a limitação do seu conteúdo. Vida é uma expressão que se refere tanto ao biológico quanto ao biográfico da história de uma pessoa ou objeto. É a sua história de vida. Hegel, já antes de Darwin, entendera a vida como o fluxo das tensões da história, e Leibniz a entende como força. Algo mais que conteúdo biológico, natural e harmonioso da abordagem ecológica, porque tensão.

A evolução é a diferenciação das formas – Uma nova concepção de síntese é então o ponto central da nova abordagem. Uma síntese que não é a "soma de todas as partes", mas reprodução, transfiguração, diferenciação, ressintetização, recombinação, recambiação, categorias do movimento que levam a natureza a unificar-se e diversificar-se, reiterativamente. Nessa síntese, o real é o movimento e transformação da forma: a natureza é rocha e chuva, chuva e planta, planta e animal, animal e homem, transmutação da forma, pela cadeia de transformação e passagem de uma forma na outra. Rocha que se transforma em sais minerais, sais que se transformam em matéria orgânica vegetal, matéria orgânica vegetal que se transforma em matéria orgânica animal, matéria orgânica animal que se transforma em vida, que o homem transforma em história social. História social que se transforma em nova qualidade de natureza, numa sucessão de ressintetizações em que a geologia, a geomorfologia, a hidrologia, a biogeografia, a

|73|

PARA ONDE VAI O PENSAMENTO GEOGRÁFICO?

física, a química, a biologia, a sociologia, a economia, a história, a antropolgia, a geografia etc., todas estão presentes, mas todas se dissolvem ao mesmo tempo num movimento da natureza que não é nenhuma dessas ciências como tal, e sim a síntese que as dissolve no movimento das formas para que renasçam mais adiante. Tudo para produzir a vida, para que a vida produza a morte, e com esta se reinicie o ciclo da vida.

A totalidade é totalização – Esta conceituação da natureza implica a revisão do sistema de ciências como um todo. No âmbito da geografia, não mais cabe a divisão dicotômica na geografia física e geografia humana, já a partir do fato de que o homem está em "ambas" as geografias. E a consequência de uma geografia integralizada num homem reencontrado na natureza é a retomada das ligações que os clássicos sempre fizeram do holismo geográfico como um processo de história. Talvez resida nisso a potencialidade que tem a geografia frente ao novo conceito da natureza e do homem.

O mundo é a sua diversidade – Não se pode assim quebrar a natureza nas fronteiras rígidas das suas esferas e não se pode também dissolver estas esferas num todo indiferenciado. A natureza é o eterno processo de produção/reprodução que desemboca na síntese das novas formas materiais no planeta justamente porque desde o começo é múltipla em formas e movimentos. Engels já observara, em *Dialética da natureza*, que ao lado do movimento mecânico há o movimento químico, o movimento biológico e o movimento social, todos exprimindo o vir a ser histórico de que o movimento mecânico é a forma mais elementar. É a diversidade dos movimentos que processa a diversidade das formas da matéria, a sintetização que cambia o inorgânico no orgânico e o orgânico no inorgânico, ressintetização-recambiação da matéria, por isto mesmo escapando ao simples olhar da senso-percepção. Nesse movimento da complexidade da síntese recambiante/recombinante, as ciências particulares existem e não existem ao mesmo tempo, existem e não existem como tais. A geomorfologia, a climatologia, a hidrografia, a geografia agrária, a geografia urbana etc. expressam os momentos da diversidade real, mas só enquanto cumprem seu papel nos momentos de recomeço do movimento espiralado da história natural. Desaparecendo no processo, quando tudo vira síntese.

A superfície terrestre é o modo de ser geográfico da natureza e do homem por ser onde obrigatoriamente interagem – Cabe à geografia mostrar que a diversidade da natureza se ressintetiza nos lugares da superfície da terra, adquirindo em função do recorte do espaço o seu modo concreto de organização (um detalhe de localização interfere no todo do circuito da produção/reprodução da vida). E que a superfície terrestre é ser-estar

|74|

do homem, uma teoria percebida de longa data pelos clássicos e reafirmada no século XIX por Humboldt e Ritter.

Significa tudo isto entender que a natureza é o movimento em que as formas saem umas das outras, a vida da matéria sem vida, a matéria sem vida da matéria viva, num mundo que dialeticamente ora é equilíbrio e ora desequilíbrio, ora ordem e ora desordem, ora cosmos e ora caos, um saindo do outro, um e outro sendo o ser e o não ser, num devir em que o real não é um nem outro, e ao mesmo tempo é um e o outro, o equilíbrio dando luz ao desequilíbrio e o desequilíbrio dando luz ao equilíbrio, a ordem à desordem e a desordem à ordem, esta sucessão de mediações sendo o real-concreto. Do qual a senso-percepção só alcança o lance, confundindo o verdadeiro como um mundo de formas.

O HOMEM ESTATÍSTICO

O homem é o segundo terço do modelo N-H-E. Em tese, esse é o capítulo em que o homem interage com a base física, adaptando-se e criando nessa relação sua organização corológica na superfície terrestre. Entretanto, o capítulo trata mais propriamente da população que do homem.

O que concebemos por homem na geografia

Homem é aqui o homem demografia, o quantitativo da população. A concepção de homem da geografia da população tem a mesma matriz com que a economia neoclássica produz sua ideia de natureza, tomando como ponto de partida a ideia de natureza e homem que evolui a partir do Renascimento. É a ideia do homem excluído da natureza quando esta é reduzida a uma coisa física. Um homem que não está situado na natureza e que também não está situado na sociedade (uso o neologismo atópico para designar esta condição). Fica, assim, solto no campo representacional para a captura pelos discursos que vão se sucedendo no tempo, o que – no que interessa à nossa análise da geografia – acontece com a teoria econômica neoclássica na virada do século XIX para o XX. Então, surge um homem transformado em estatística tanto pelo lado da produção quanto pelo lado do consumo, num mundo da natureza transformada em estoque de recursos naturais. Homem e natureza jogados numa mesma sorte.

Vejamos seu conteúdo.

PARA ONDE VAI O PENSAMENTO GEOGRÁFICO?

O crescimento da população

Os estudos de população geralmente começam com o capítulo do crescimento populacional, às vezes precedido de rápido painel da distribuição espacial da população pelo globo. É o balanço numérico da evolução demográfica que abre este capítulo, sobretudo porque, observa George, permite sublinhar a explosão demográfica de nossos dias, "furacão que atrapalha todas as previsões..." (George, 1986).

Eis a importância do tema e a razão pela qual o estudo do homem começa por ele. Estudá-lo é dar-se conta do problema que acompanha a explosão populacional existente no globo.

O crescimento da população é o resultado da diferença entre as taxas de natalidade e de mortalidade. Quando a natalidade é maior que a mortalidade, o crescimento é positivo. Quando é menor, o crescimento é negativo. A explosão demográfica é a consequência da enorme bifurcação entre a natalidade e a mortalidade que passa a ocorrer a partir da segunda metade do século xx.

As estatísticas, aponta George, dimensionam o fenômeno no nível de sua gravidade. Tornou-se já clássico o modo como ele, por exemplo, inicia o tema, em *Geografia da população*:

> Duzentos e cinquenta milhões de habitantes na época da Antiguidade Clássica, meio bilhão pelos meados do século XVII, um bilhão em 1850, dois bilhões em 1940, mais quatro bilhões antes de 1980 [...] e sem dúvida oito bilhões antes do fim do século. A população do mundo duplicou primeiro em 2.000 anos, entre a Antiguidade e a Idade Moderna, depois em dois séculos, de 1650 a 1850, em menos de um século de 1850 a 1940, e finalmente em uma geração [...] Não é exagero falar-se de uma vertigem demográfica. (George, 1986, p.7)

Visto em sua repartição espacial, o crescimento demográfico atual, que se caracteriza por ser mundial, universal e desigual, diz George, é, assim, causa de drásticos problemas sociais onde ocorre.

Na afirmação de George:

> A mais inelutável das razões de desigualdade entre os homens é hoje a sua origem geográfica, isto é, o lugar onde nascem. Por isso, ao lado de diferenciações naturais, que implicam para o pequeno esquimó um universo sem nada de comum com o do pequeno indonésio, a disparidade na repartição da riqueza entre os homens, as oposições entre os países onde a renda aumenta

e aqueles nos quais o volume das necessidades cresce rapidamente fazem da geografia da população um dos problemas de mais dramática abordagem da realidade humana moderna. (George, idem, pp. 7-8)

Daí que a geografia da população tem a expressão hodierna de "problemas de mais dramática abordagem".

A preocupação é com o nexo causal entre explosão demográfica e subdesenvolvimento, reitera George. E um fenômeno é causa de outro, diz-nos Myrdal, na mesma linha, uma vez que há uma "causação circular", isto é, a pobreza é causa de excesso demográfico e o excesso demográfico é causa de pobreza (Myrdal, 1965).

A teoria da explosão demográfica então se encaixa com a teoria do subsedenvolvimento. Segundo Lacoste, em *Geografia do subdesenvolvimento* e *Os países subdesenvolvidos*, obras hoje ultrapassadas pelos novos temas de interesse do autor, há uma clara ligação entre o conceito de subdesenvolvimento e a explosão demográfica, de resto um problema dos países subdesenvolvidos. Afirma Lacoste que, embora os "caracteres constitutivos" do subdesenvolvimento sejam, em sua maioria, "tão antigos como a humanidade", a exemplo da subnutrição, do analfabetismo, do subestado sanitário etc., eles ficam agravados com a explosão demográfica e é isto que faz do subdesenvolvimento um fenômeno moderno. A causa real é o inalterado quadro de situação pré-industrial desses países, mantendo-os num estado de atraso social que o crescimento populacional acelerado agravará.

O que explica todo esse quadro?

Se o crescimento da população resulta da diferença entre as taxas de natalidade e as de mortalidade (crescimento natural ou vegetativo), a raiz da aceleração encontra-se no agente capaz de intervir nessa aritmética. Com a Revolução Industrial, as taxas de natalidade permanecem altas, mas as taxas de mortalidade caem com o seu advento. A rigor, a causa da queda da mortalidade está relacionada à revolução na higiene social que acompanha a Revolução Industrial, em particular no campo do saneamento e da medicina. Também contribuem a revolução agrícola, aumentando a produção dos alimentos, e a revolução nos transportes, facilitando o escoamento da produção alimentícia para o consumo das cidades.

A Revolução Industrial é, assim, um fenômeno social de grande envergadura, e vai além da ideia costumeira de uma revolução científica e tecnológica. Como observa Sunkel:

PARA ONDE VAI O PENSAMENTO GEOGRÁFICO?

Não se trata, apenas, do crescimento da atividade fabril. A Revolução Industrial é um fenômeno muito mais amplo, constitui uma autêntica revolução social que se manifesta por transformações profundas da estrutura institucional, cultural, política e social. E que, do ponto de vista econômico, tem suas características fundamentais no desenvolvimento e utilização de um tipo de bens que produz outros bens, e, de um modo geral, no incremento e emprego da técnica, ou seja, a aplicação dos princípios científicos às atividades econômicas. [Eis, porque, dentro dessa concepção ampla,] a industrialização está intimamente associada ao processo e desenvolvimento e por isso há, no mundo atual, estreita correlação entre o alto nível de vida das populações e o grau avançado de industrialização alcançado pelos países. (Sunkel, 1968, p. 3)

Todavia, há de se entender melhor a relação entre a Revolução Industrial, a queda da mortalidade e a explosão demográfica, na medida em que o quadro de subdesenvolvimento que desta resulta é a consequência da ausência da Revolução Industrial nos países subdesenvolvidos.

Há uma dupla forma de relação entre a Revolução Industrial e a aceleração do crescimento populacional que advém da queda da mortalidade. Isto porque ocorre uma aceleração do crescimento populacional na Europa no século XIX, e uma outra bem posterior nos países do terceiro mundo no século XX – e só a segunda caracteriza uma explosão demográfica. O cotejamento estatístico dos dois momentos mostra-nos diferença do processo nos dois polos temporal-espaciais. O ritmo na Europa é lento até o século XVI, avança a passos ainda lentos no século XVII, acentuando sua cadência no século XVIII, para acelerar no século XIX, mas voltando a tornar-se lento no século XX. Ao contrário, nos países subdesenvolvidos a expansão demográfica mantém-se lenta até fins da segunda metade do século XX, entrando em aceleração abrupta a partir dos anos 1940-1950, e assim se mantém até hoje, dando sinais de queda somente nos países subdesenvolvidos que se industrializaram. Todavia não são diferenças apenas de época e escala das proporções. A aceleração demográfica europeia acompanha-se de toda uma transformação estrutural nas condições sociais que ocorre junto com ela. A aceleração demográfica no terceiro mundo ocorre totalmente desacompanhada de uma transformação econômico-social, amplificando problemas sociais à escala do que Lacoste com propriedade chama de quadro estrutural de subdesenvolvimento.

Há, assim, inter-relacionado à Revolução Industrial, um desenvolvimento desigual nas duas grandes partes do mundo, que se convencionou chamar de países desenvolvidos e países subdesenvolvidos. Vejamos esse processo.

O HOMEM ESTATÍSTICO

Até os séculos XVI-XVII, o crescimento demográfico apresenta um mesmo ritmo e forma em todos os quadrantes do mundo, uma vez que o nível do desenvolvimento tecnocientífico é igualmente baixo em toda parte. A Revolução Industrial fará a diferença. Como observa George, o mundo é todo pré-industrial (inclusive a Europa) e o ritmo do crescimento demográfico oscila em torno de um tamanho pequeno, às vezes negativo, de população:

> [...] a fome e as epidemias consecutivas detinham a curva do crescimento da população, cada vez que esta ultrapassava um limite quantitativo correspondente às possibilidades máximas do autoconsumo local. A população aumentava no intervalo das crises, guerras, safras más, epidemias, para depois cair a um nível mais ou menos idêntico ao anterior. (George, 1986, p. 80)

A Revolução Industrial (uma revolução tecnocientífica) irá quebrar esses limites e alterar seus mecanismos, liberando o crescimento populacional, primeiro na Europa, e, depois, com a propagação de seus efeitos, no mundo inteiro.

Na Europa, a Revolução Industrial é a culminância de uma evolução no desenvolvimento das técnicas produtivas, que se inicia no século X e avança desde então lentamente para acelerar-se com a revolução comercial do século XVI. Esse desenvolvimento na ciência e na técnica, nem sempre interligadas, culmina no século XVIII na Revolução Industrial, produzindo revoluções em cadeia (agrícola, nos transportes, sanitária), que repercutem sobre o quadro alimentar e da higiene social na forma imediata da queda das taxas de mortalidade. As taxas de natalidade, todavia, permanecem altas, acentuado-se o crescimento populacional. Com a urbanização, contudo, a taxa de natalidade começa a cair, aproximando-se da taxa de mortalidade, já baixa. Assim, a taxa de crescimento vegetativo diminui, torna-se pequena e volta, no século XX, ao ritmo do crescimento demográfico de antes da Revolução Industrial.

Nos países subdesenvolvidos, o processo histórico ocorre de maneira diferente. É quando o ritmo do crescimento populacional se retrai nos países industrializados que o ritmo se acelerará nos países subdesenvolvidos. A causa é a propagação para estes países dos recursos de higiene social produzidos nos países industrializados. E o veículo é a divisão territorial do trabalho, que acentuará as trocas entre os países industrializados e os não industrializados. Descrevendo o crescimento da produção e das trocas no período, Sunkel observa:

> Como consequência de extraordinária transferência de fatores de produção dos países em plena Revolução Industrial para a periferia, pelos fins do século XIX adveio um período de apogeu do comércio internacional, sem

|81|

PARA ONDE VAI O PENSAMENTO GEOGRÁFICO?

precedentes na história da humanidade em volume, diversidade e amplidão geográfica. Dizem algumas estatísticas, certamente muito precárias, que o valor das exportações mundiais andava pelos 500 ou 600 milhões de dólares ao redor de 1820. Menos de cinquenta anos depois (1867-1868) atingia a 5.000 milhões, no fim do século chegava a 10.000 milhões e em 1913 alcançava 20.000 milhões. [...] Tão extraordinário auge do comércio mundial relaciona-se com um padrão bem definido de relações internacionais. Trata-se, basicamente, de uma corrente de exportações de alimentos e de matérias-primas de áreas periféricas para os países em que se originou a Revolução Industrial e, simultaneamente, de um fluxo de produtos manufaturados e capital nos países industrializados para as regiões que se incorporavam à economia internacional. (Sunkel, 1968, p. 20)

O resultado é a queda das taxas de mortalidade, que declinam rapidamente, quando as taxas da natalidade, altas, não se alteram, abrindo-se a bifurcação resultará no alto volume do crescimento populacional atual, sobretudo face ter a magnitude da escala mundial.

São, pois, dois movimentos de sinais trocados: o refluxo do crescimento acelerado nos países desenvolvidos correlaciona-se com o processo de urbanização, ao passo que o disparo no crescimento dos países subdesenvolvidos correlaciona-se com a intensificação da produção dos produtos agrícolas a ser exportados para os países industrializados. Para possibilitar o aumento dessa produção, os países industrializados mundializam a revolução da higiene social, sob a forma de grandes obras de saneamento dos espaços cultivados e da vacinação em massa da população.

Assim, enquanto nos países industrializados a expansão demográfica é absorvida pelo próprio processo interno da urbano-industrialização, nos países subdesenvolvidos o quadro torna-se dramático em razão mesmo da fraqueza do desenvolvimento industrial interno. Por isso, a expansão demográfica torna-se "pressão demográfica" nesses países. Segundo calcula George: "[...] um crescimento anual de 1% custa, para manter a estabilidade do nível de vida, de 5 a 8,5% da renda nacional. Em outros termos, os países que possuem, hoje, um crescimento anual igual ou superior a 3% deveriam poder consagrar mais de um quarto da renda apenas ao investimento demográfico". A dimensão mais precisa da pressão demográfica é a sua contrapartida nos "investimentos demográficos", isto é, aqueles realizados apenas para atender o consumo dos acréscimos populacionais, impossível nos países subdesenvolvidos dada a sua falta de recursos.

O HOMEM ESTATÍSTICO

A estrutura da população

O ritmo do crescimento populacional se espelha na estrutura etária, isto é, a estratificação percentual da população segundo as faixas de idade. E apresenta fortes efeitos retroativos no crescimento populacional, além da estrutura por sexo e por setores de atividades (estrutura setorial).

Um ritmo elevado de crescimento populacional (crescimento vegetativo) origina uma estrutura etária com predomínio da população jovem (até 19 anos de idade), seguida de um contingente numeroso de população madura (de 20 a 60 anos) e uma percentagem pequena de população velha (acima de 60 anos). Um ritmo de crescimento populacional pequeno origina uma estrutura etárica praticamente inversa. Esta estrutura pode ser visualizada no gráfico da pirâmide etárica. O primeiro caso é o dos países subdesenvolvidos. O segundo, o dos países desenvolvidos velhos, como os europeus. Os países desenvolvidos novos, como os Estados Unidos, têm uma estrutura intermediária. Isto indica as diferenças de necessidade de "investimento demográfico", elevados justamente nos países subdesenvolvidos.

Diz-se, assim, que a forte predominância do extrato jovem é umas das determinantes fundamentais da saída do subdesenvolvimento, porque predomina justamente a população que não está ainda no mercado do trabalho. Forma uma população inativa mais numerosa que a população ativa, sobrecarregando-a.

A conjugação da estrutura etária com a estrutura por sexo, visível na pirâmide etária, é um valioso instrumento para analisar-se projetivamente este quadro. Como a estrutura etária, uma fiel reprodução do ritmo do crescimento demográfico, a pirâmide é uma ótima síntese do processo demográfico, servindo para avaliar as futuras tendências do crescimento, e podendo assim qualificar o planejamento do crescimento das demandas que vão pesar sobre a sociedade, como escolas, empregos etc.

A estrutura setorial, a repartição da população ativa pelos setores econômicos, é outro exemplo de indicador importante, expressando o estado e as tendências de estágios da evolução do desenvolvimento econômico social futuro. A estrutura setorial consiste na posição relativa da população ativa ocupada em cada setor de atividade econômica: o setor primário, que agrupa as atividades econômicas dedicadas à produção de alimentos e matérias-primas (produtos primários); o setor secundário, que agrupa as atividades dedicadas à manufaturação dos produtos primários; o setor terciário, por fim, que agrupa as atividades em geral dedicadas à prestação de serviços. De modo que a estrutura setorial espelha o nível da divisão social e técnica do trabalho e reflete o nível da produtividade social, e, com isto, o estágio de desenvolvimento em que se

PARA ONDE VAI O PENSAMENTO GEOGRÁFICO?

encontra o país. Assim, uma estrutura do tipo PST (primário-secundário-terciário) indica um estágio ainda dominantemente agrário, de baixo nível de desenvolvimento econômico-social. A estrutura do tipo TSP indica o extremo oposto, ou seja, o mais elevado estágio de desenvolvimento econômico-social que se pode atingir – a exemplo dos Estados Unidos, já inteiramente revolucionado pela ciência e pela tecnologia industrial.

Percebe-se que a simples alteração nas disposições relativas das letras denuncia mudanças estruturais de fundo na sociedade, servindo a estrutura setorial como excelente radiografia do estágio da direção do processo evolutivo. A sequência PST-SPT-TSP, para exemplificar, fotografa o processo de inversão radical da estrutura econômico-social do país, revelando a passagem de uma sociedade do estágio pré-industrial para o de base urbano-industrial. A passagem do tipo PST para o tipo PTS indica crescimento urbano e elevação do nível das trocas, em uma sociedade que permanece de base agrária. A sequência PTS-TPS-TSP indica o caminho teórico a ser seguido pelos países subdesenvolvidos na direção do estágio mais elevado do desenvolvimento.

A distribuição territorial da população

Por seu turno, o mapa da distribuição da população pelas regiões do planeta indica o balanço da relação homem-meio, e assim o balanço nacional e mundial do ecúmeno. A radiografia deixa claro o diagnóstico: (a) quatro quintos da humanidade concentram-se sobre menos de um décimo da superfície dos continentes; (b) mais da metade do planeta é inabitável (terras geladas, terras montanhosas e terras áridas, considerando-se os níveis técnicos atuais); (c) os espaços nacionais contextualizam diferenciadas situações da relação necessidades x recursos.

Para uma análise rigorosa, lança-se mão de índices denotativos dos termos concretos dessa relação homem-meio, como a densidade demográfica. Há neste caso limitações, conforme aponta George, pois o conceito de densidade da população não tem mais que um valor indicativo, não podendo ser considerado como elemento interpretativo ou explicativo. Trata-se nessa análise de inventariar, do lado do aspecto homem, o volume das necessidades e a sua capacidade de intervenção sobre seu meio natural; e, do lado do aspecto meio, de inventariar o estoque dos recursos naturais. O que pede um recurso de análise mais amplo que a simples densidade absoluta e relativa da população.

Entra aqui a combinação de três variáveis – necessidade, capacidade e estoque – equacionadas na oposição formal necessidades x recursos. Este é um índice que determina melhor a qualidade da relação homem-meio em cada

O HOMEM ESTATÍSTICO

lugar. Segundo George, uma constatação fundamental que se evidencia por meio dessa combinação é que a população mundial "acha-se irregularmente provida de meios de produção e a taxa individual de capacidade de consumo é também muito desigual, nas diferentes regiões do mundo". A "eficácia produtiva", variável principal (entendida, todavia, mais como capacidade tecnocientífica de intervenção humana sobre o meio natural do que como modo de produção), é também desigual "nas diferentes regiões", determinando as desigualdades espaciais de desenvolvimento encontradas nacional e internacionalmente no mundo atual. Como ainda observa, "dentro de um campo definido e em um determinado momento, o volume e a natureza da produção acham-se subordinados, até certo limite, à existência de condições de produção, que podem ser fatos inerentes ao meio físico ou adquiridos através da ação de gerações passadas". Contudo, "esses dados não passam de dados potenciais", uma vez que "não é difícil demonstrar que a presença de consideráveis reservas de energia aproveitável industrialmente não é suficiente para o aparecimento de uma indústria [...]; a existência de uma exploração anterior não garante, absolutamente, a possibilidade de uma produção atual [...]; a fertilidade de um solo não é, *ipso facto*, geradora de uma agricultura de alto rendimento", e portanto, "as condições de produção só possuem valor relativo", já que "tudo será puramente potencial enquanto a população estiver ausente".

O resultado é sumário: a situação mundial é de desequilíbrio. Conforme adverte Cipolla:

> Mesmo que evitemos o pensamento perturbador de que já é tarde demais, dificilmente podemos evitar a triste sensação de que tudo que podemos prever num futuro próximo é a piora da situação geral. Para melhorar seus padrões de vida miseráveis, os países subdesenvolvidos e em desenvolvimento devem passar por uma revolução industrial. Se fracassarem, estão condenados a uma miséria abjeta. Se triunfarem, irão aumentar os problemas de poluição e esgotamento que infestam nosso planeta. (Cipolla, 1962, p. 123)

A redistribuição territorial da população

No mundo da explosão demográfica é inevitável, então, que haja superpopulação e superpovoamento. Isto é, um estado de excesso permanente de homens em relação à oferta de bens e serviços (superpopulação) e/ou de espaço físico (superpovoamento). A migração do excedente populacional atua como mecanismo de atenuação da tensão local, e, assim, de equilíbrio na relação necessidades x recursos. É, portanto, um processo, natural ou promovido pelo

PARA ONDE VAI O PENSAMENTO GEOGRÁFICO?

planejamento estatal, de regulação das tensões geradas pelo desequilíbrio entre necessidades e recursos num dado lugar.

Nos períodos pré-industriais, o excedente populacional pressiona a integridade grupal, forçando naturalmente sua fragmentação em novos grupos humanos. Esta multiplicação da população em novas células é um fenômeno universal entre os povos primitivos. Nos períodos recentes da história humana, de superior nível tecnocientífico, há maior facilidade de domínio sobre o meio natural e de redistribuição crescente da população sobre novos espaços, sem quebra da unidade nacional, fazendo com que do espaço descontínuo do passado se caminhe para um espaço mundializado. No entanto, a rapidez de dominação extensiva e intensiva da natureza implica incorporação acelerada de territórios e dos recursos naturais, colocando em tela a questão do esgotamento do estoque desses recursos.

As fontes e a evolução da concepção de homem na geografia

Também aqui a formação do conceito segue um caminho de combinações. Vejamos suas etapas, que começam no Renascimento e seguem parelhas com a evolução do conceito da natureza.

Do *homem* logikón *e* politikon *ao homem-máquina*

A modernidade herda dos clássicos greco-romanos a concepção aristotélica do homem político (*zôo politikon*) e do animal que fala e discursa (*zôon logikón*). Isto é, o homem que se distingue dos animais por nascer dotado do poder da razão.

O Renascimento altera e introduz um conceito novo, derivado por decorrência do conceito de natureza como coisa física, então criado. O homem desnaturiza-se. A desnaturalização tem lugar junto ao nascimento do conceito da natureza como a parte de constituição físico-matemática do mundo, que vimos no capítulo anterior ("A insensível natureza sensível"). O homem não só é tirado do plano da natureza, em que até então se encontrara como animal racional, como é jogado num terreno de concepção que o afeiçoa ao mundo da engrenagem da tecnologia e da fábrica, cujo advento se avizinha, e para cujo surgimento toda a revolução científica e cultural que o Renascimento origina serve como um preparo. O conceito de homem-máquina, o *homo faber*, substitui o conceito clássico do homem animal racional, o *homo politikon / zôn logikón* da concepção aristotélica.

Notamos que o pacto renascentista entre religião, ciência e filosofia, definidor do que é do mundo físico e o que é do mundo metafísico, responde por esta metamorfose, já previamente instaurada na separação entre corpo (*res extensa*) e mente (*res cogitans*) da filosofia racionalista de Descartes. Assim, a natureza vira função da física e o homem função da metafísica, o corpo do homem ficando à deriva entre um campo e outro.

A mobilização dos camponeses artesãos para o trabalho nas manufaturas se incumbe de inserir os corpos no mundo da engrenagem da indústria. Com a Revolução Industrial e o surgimento da fábrica, instaura-se a mecanização do trabalho e cria-se o homem trabalhador, visto como parte dessa engrenagem.

Como o modelo funcional da moderna indústria será pedido de empréstimo ao corpo, primeiro o corpo inorgânico dos materiais e depois o corpo orgânico do homem, este passa também a ser visto como uma engenhosa máquina.

Nesse naturalismo modernista, que curiosamente expulsa o homem da natureza para inseri-lo no mundo mecânico da indústria, o homem apenas difere da natureza porque, com o corpo, nele está presente o espírito.

Do homem-máquina ao homem-força-de-trabalho

A conversão da natureza num campo de forças físicas leva ao homem-máquina, e o homem-máquina a converter-se num homem-força-de-trabalho.

O caminho da conversão é a transformação do tempo social num tempo técnico – o tempo marcado pelo relógio –, já a partir da manufatura, disciplinarizando-se o tempo do trabalho dos homens em termos mecânicos e o movimento dos corpos no ritmo do movimento dos ponteiros.

Nas sociedades anteriores, o tempo é a ritmicidade própria do movimento das coisas. A necessidade de controle desse tempo para os diferentes fins de atividades faz nascer uma infinidade de meios de mensuração, em que o tempo de uma atividade cotidiana é usado como padrão de medida de todos os tempos (Mumford, 1992). Com a manufatura, o ritmo do tempo se torna um movimento matemático exato e linear, em pouco tempo virando o tempo técnico. A matematização do tempo, já introduzida na natureza no período do Renascimento com o nascimento da ciência moderna pelas mãos de Galileu Galilei e Descartes, e rápida e cabalmente pelas de Isaac Newton com a lei da gravidade, é introduzida agora no universo social do homem. A assemelhação do tempo ao sistema mecânico do relógio, que converterá a natureza numa grande engrenagem, transforma o ambiente humano da manufatura, organizando no mesmo parâmetro o ritmo disciplinar da natureza e do trabalho (Thompson, 1998).

Trabalhar passa ser desempenhar a obrigatoriedade de tarefas num tempo marcado pelo relógio e num ritmo comum a todos que participam da

PARA ONDE VAI O PENSAMENTO GEOGRÁFICO?

produção, de modo a produzir-se uma quantidade de produtos numa unidade de tempo padrão comum para todos na manufatura, consumindo as energias físicas e mentais do homem trabalhador durante a jornada inteira com este único fito. A natureza e o homem se tornam iguais categorias da economia política.

Do homem-força-de-trabalho ao homem-fator-de-produção

A mensuração do tempo do trabalho da produção manufatureira é levada a parametrar então todas as demais mensurações da sociedade. O tempo medido serve de referência ao movimento da natureza, ao tempo do trabalho do homem e ao valor do dinheiro, até que o dinheiro passa a equivalente geral da medida de todas as coisas. Aquilo que custa em dinheiro para produzir-se o volume de produtos-padrão no tempo de trabalho de uma hora, passa a ser a unidade de medida padrão que orienta social e economicamente o todo da sociedade. Parâmetro de produção, o é igualmente da repartição da riqueza entre os fatores nela envolvidos.

Desse modo, o trabalho passa a ser medido no custo e rendimento unitário em dinheiro e o homem trabalhador, avaliado por este parâmetro, se torna homem-fator-de-produção. Assim, o homem-força-de-trabalho vira custo, ao qual se pede quantidades e ao qual se devolve quantidades, recebendo os frutos da produção da riqueza na proporção da participação do que produz, igualmente aos demais fatores, formalizados nos mesmos parâmetros da medida do dinheiro: ao fator capital, o lucro; ao fator trabalho, o salário; e ao fator terra, a renda fundiária.

Natureza terra e homem-força-de-trabalho são, assim, em tudo equalizados e sempre seguindo destinos iguais e paralelos.

Do homem-fator-de-produção ao homem-consumidor

O dinheiro organiza o circuito da produção e do consumo, e na proporção do tamanho do envolvimento quantitativo dos fatores. Sucede que o consumo é a parte vital do retorno do dinheiro gasto, efetuando-se com ele a realização do valor e o seu retorno à forma dinheiro. A quantidade de moedas do salário é a referência da medida da quantidade de bens e serviços a que o homem que trabalha pode ter acesso. Este leva ao mercado a quantidade de moedas recebida como salário para trocar por uma quantidade equivalente de bens e serviços, segundo a conjuntura da oferta e da procura e assim do preço desses elementos. E, dessa forma, o homem-fator-de-produção vira o homem-fator-de-consumo, numa igual função de produção do valor e de sua realização como mercado de consumo. O homem-fator-de-produção

O HOMEM ESTATÍSTICO

destarte torna-se homem-consumidor, dentro do movimento de consumo geral da sociedade, o dinheiro voltando ao circuito da produção, junto com o dinheiro distribuído ao fator terra e ao fator capital, de modo a repetir-se todo o ciclo eternamente.

Do homem-consumidor ao homem-população

Surge assim o problema da medição das partes na sequência ininterrupta do circuito, de forma a estabelecer-se o balanço do equilíbrio da proporção em vista do equilíbrio entre necessidades e recursos. Ou seja, o balanço que tenha, de um lado, o crescimento do consumo dos recursos naturais e, de outro, o crescimento da população que os consome. A proporção dos fatores dá lugar à proporção dos usos. O homem-consumidor se transforma assim no homem-população.

A ideia do homem-população tem origem inicialmente em Malthus, com sua teoria da desproporção do crescimento humano em relação ao da produção dos alimentos, em face dos limites de solos agricultáveis na natureza, o que significa o balanço entre os respectivos horizontes. O desenvolvimento contínuo da indústria e o consumo de uma diversidade crescentemente nova de recursos naturais, indo para além do solo e do problema dos alimentos, amplia as considerações malthusianas para a generalidade dos recursos da natureza, dando origem à moderna teoria do equilíbrio. Nessa teoria, cotejar os números e acompanhar seu desenvolvimento torna-se fundamental, o homem-população transformando-se no homem-estatístico.

Do homem-população ao homem-estatístico

Contar o número da quantidade dos homens torna-se uma componente essencial às medidas do balanço das proporções do uso. Assim como o número da quantidade dos recursos. Isto por entender-se que o levantamento constante da quantidade dos recursos da natureza e da quantidade dos homens é o segredo do cotejamento permanente das demandas e de um crescimento populacional equilibrado.

Do homem-estatístico à geografia da população

Contar o número de homens significa prever o ritmo possível do seu crescimento. Nasce, assim, o ramo da geografia que reduz a análise do homem aos termos matemáticos de taxa de natalidade, taxa de mortalidade e taxa de fecundidade, tomadas como os parâmetros da evolução das necessidades, e que no paradigma fragmentário será uma das geografias humanas sistemáticas para

PARA ONDE VAI O PENSAMENTO GEOGRÁFICO?

materializar a própria geografia humana, substanciando o conceito utilitário de homem – irmão siamês do conceito utilitário da natureza –, que se implantará como um todo na geografia. Uma geografia humana sistemática nascida na fronteira com a economia.

É nos anos 1950 que se sedimenta esta noção de homem na geografia, rompendo, mas de certo modo também consolidando, uma tendência que vem dos clássicos da economia, da demografia e da própria geografia.

Para a crítica do conceito de homem na geografia

Essas interpretações do fenômeno populacional vão dando lugar a um enfoque crítico nos anos 1970, cujo resultado é o surgimento de formas novas de leitura na geografia da população. A abordagem de cunho estatístico passa a coexistir com uma leitura de cunho mais analítico e mais inspirado nos parâmetros político-econômicos. Vejamos este enfoque.

O novo espaço e a aceleração demográfica

Os fenômenos populacionais analisados pela geografia da população tradicional estão relacionados ao nascimento e trajetória do modo de produção capitalista.

O nascimento do capitalismo se dá a partir das entranhas do pré-capitalismo. A desagregação que subverte as relações pré-capitalistas para convertê-las em relações capitalistas chama-se acumulação primitiva do capital. Com a acumulação primitiva se estabelecem: (1) a forma de propriedade privada capitalista e (2) a hegemonização do capital sobre o trabalho. Na base dessa sucessão, iniciando-a e determinando seu rumo, está a separação que se estabelece, no nível da propriedade das forças produtivas entre o conjunto dos meios de produção e a força de trabalho, em razão da qual a população se divide em duas classes distintas: a classe proprietária do conjunto dos meios de produção e a classe proprietária exclusivamente de sua própria força de trabalho. A acumulação primitiva é, assim, a desterritorialização do campesinato (processo em que este é despojado e expulso da sua terra) e sua transferência para uma nova territorialidade na cidade (processo em que o camponês migrado se proletariza).

No contexto histórico europeu, lugar geográfico do nascimento do capitalismo, o processo da acumulação primitiva dá origem à separação espacial entre agricultura e indústria, e, assim, à divisão territorial do trabalho com a qual dá origem por sua vez à moderna relação de mercado entre o campo e a cidade. Isto porque, com essa separação, e o seu desenvolvimento,

O HOMEM ESTATÍSTICO

o campo perde a função de produzir bens industriais, que passam a ser produzidos nas cidades, e campo e cidade passam a demandar crescentes volumes dos produtos respectivos que passaram a ter por tarefa. Abre-se uma fase de desenvolvimento de trocas cidade-campo, que leva o desenvolvimento da agricultura e da indústria a um horizonte sem limites – a partir daí, as trocas expandem as bases de sua própria ampliação. A acentuação da divisão territorial do trabalho (e das trocas) acelera o fenômeno que está na base real de todo o processo: a desterritorialização e reterritorialização do campesinato na cidade. Desterritorializados no campo (isto é, despojados e expulsos da terra) e reterritorializados na cidade (deixados na posse somente de sua própria força de trabalho), os camponeses se tornam uma massa desenraizada e perambulante entre o campo e a cidade, pelos campos e cidades, colocando sua força de trabalho à venda. Nasce o mercado de trabalho livre. Por outro lado, expropriada aos camponeses e posta à venda, a terra vira mercadoria. Nasce o mercado de terras. E com estes dois mercados combinados, trabalho e meios de produção tornam-se capital. Por fim, o nível das forças produtivas sai dos limites em que até então se mantinha aprisionado, e a aceleração do desenvolvimento da nova economia dispara. A forma capitalista de propriedade, expressa na separação trabalho/meios de produção e cidade/campo, significa o novo patamar do crescimento demográfico.

Rompidos os limites das forças produtivas, rompem-se, por conseguinte, numa linha de encadeamento, os limites da expansão progressiva da população. Do século I ao século XVI, passam-se 16 séculos até que a população, crescendo à base de ciclos de expansão-retração, dobre de trezentos para seiscentos milhões. Quando, nos séculos XVIII-XIX (1760-1830), a divisão do trabalho, apoiada na separação e interdependência agricultura-indústria, faz o artesanato evoluir para a indústria fabril, e, por sua vez, a indústria fabril desdobrar-se em indústria de meios de produção (máquinas e equipamentos) e indústrias de meios de consumo (meios de subsistência), fundando nessa divisão bidepartamentalizada as forças produtivas industriais, o crescimento populacional dispara em grande aceleração, espantando o piedoso reverendo Malthus. Todavia, quando logo a seguir no século XX a sociedade se urbaniza, o crescimento arrefece, cai e volta a tornar-se lento.

A desaceleração no capitalismo avançado

O crescimento acelerado da população que tem lugar nos países europeus a partir da segunda metade do século XVIII (1750) fecha seu ciclo por volta das primeiras décadas do século XX (1920). A abertura do ciclo de

PARA ONDE VAI O PENSAMENTO GEOGRÁFICO?

expansão vem com a queda da mortalidade e o fechamento com a queda da natalidade.

As transformações que dão lugar à divisão do trabalho própria da acumulação primitiva do capital produzem a queda das taxas de mortalidade. Este fato aparece com toda clareza a partir dos meados do século XVIII, quando a queda é precipitada pela entrada da economia na fase das forças produtivas capitalistas (a Revolução Industrial). Tais transformações não afetam as taxas de natalidade, que permanecem elevadas, abrindo-se ampla bifurcação entre natalidade e mortalidade.

A partir do momento em que a divisão territorial do trabalho se generaliza pelo campo e a acumulação do capital entra na fase da incorporação da totalidade social ao circuito mercantil, urbanizando a sociedade e concentrando a população nas cidades, as taxas de natalidade caem, até se aproximarem das taxas de mortalidade, ambas passando a situar-se em níveis numéricos baixos. Já vimos porque as taxas de mortalidade caem com a Revolução Industrial. Resta analisarmos por que as taxas de natalidade caem com a urbanização, um fenômeno que não é imediato.

Enquanto os níveis do desenvolvimento das forças produtivas não atingem o patamar das forças produtivas capitalistas, as famílias operárias podem fazer coexistir a economia doméstica com o circuito mercantil capitalista. Por intermédio do circuito mercantil capitalista, o operário vende sua força de trabalho, adquire o salário e o troca pelos meios de subsistência de que necessitam ele e sua família. A economia doméstica, realizada fora dos quadros do circuito mercantil pela mulher e filhas, sob formas que variam desde a confecção em casa da roupa usada pela família até alguma plantação/criação de aves e porcos no quintal caseiro ou o reaproveitamento das sobras de refeições, complementa o quadro da reprodução, como que esticando a renda familiar para além do nível simples do salário operário. Ao atingir, entretanto, o nível das forças produtivas capitalistas, a acumulação do capital faz o circuito mercantil avançar sobre os segmentos da sociedade a ele ainda não incorporados. Esse avanço de incorporação atinge as mulheres, mediante sua inserção no mercado de trabalho, e, então, no processo produtivo, provocando a desaparição da economia doméstica. Com a eliminação da economia doméstica, acontece a queda das taxas de natalidade e desacelera-se o crescimento demográfico (Oliveira, 1977).

Ocorre que o motor da regulação do processo demográfico na sociedade do capitalismo é o exército de reserva do trabalho industrial, cuja formação e modo de intervenção na dinâmica demográfica obedecem a duas fases. Enquanto

O HOMEM ESTATÍSTICO

vige o período da acumulação primitiva do capital, a desterritorialização e proletarização do campesinato (e dos artesãos) são a fonte abastecedora de força de trabalho volumosa e barata para a indústria e acumulação do capital, atuando como um exército de reserva. Mas a rápida e geral expansão da economia que tem lugar com o surgimento das forças produtivas capitalistas, completando a fase de acumulação primitiva do capital, extingue o êxodo rural como fonte de mercado de força de trabalho numerosa e barata para a indústria e as necessidades de trabalho da cidade, e, então, esta função passa a ser feita pelo desenvolvimento contínuo da tecnologia industrial, que repõe com o desemprego a margem de exército de reserva necessária à indústria. Com isto, a oferta de força de trabalho deixa de ser governada pelo êxodo do campesinato para a cidade, para ser governada pela própria dinâmica da economia industrial-urbana (o desemprego tecnológico). Assim, na primeira fase é a economia doméstica que regula as taxas da natalidade e da mortalidade. Na segunda, é a taxa do salário. Quando o nível do salário aumenta, criam-se as condições para uma maior prole entre os trabalhadores assalariados. Quando o nível diminui, as condições se invertem. O crescimento acompanha este movimento.

Todavia, é da natureza da reprodução ampliada do capital abrir novas fontes que restabeleçam o quadro do exército de reserva em níveis amplamente favoráveis – favorável significando a maior oferta de força de trabalho possível, capaz de resultar numa pressão para baixo permanente das taxas de salário pago pela indústria. É assim que a desaceleração do crescimento populacional nas sociedades de capitalismo avançado encontrará sua contrapartida na aceleração do crescimento demográfico nas sociedades dos países ex-coloniais e semicoloniais. A lei do desenvolvimento desigual e combinado entra em cena para governar, à luz do dia, a dinâmica populacional do modo de produção capitalista em escala mundial: as sociedades ex-coloniais e semicoloniais são convertidas na nova fonte de reserva do exército de trabalho para a indústria. Tudo isto evidentemente porque a economia industrial entra em plena arrancada de expansão mundial. É esta a lógica da explosão demográfica.

A mundialização da produção e das trocas e a explosão demográfica planetária

É necessário, neste ponto em que passamos de escalas territorialmente locais à escala planetária, fazermos uma distinção. As sociedades de origem colonial e semicolonial vivem a formação histórica do capitalismo sob duas fases. A primeira, impropriamente designada por mundial, corresponde ao período da hegemonia do capital mercantil. A segunda, posterior à Segunda Guerra Mundial, corresponde à fase da hegemonia do capital industrial.

|93|

PARA ONDE VAI O PENSAMENTO GEOGRÁFICO?

A vinculação desses países à economia europeia existente desde o século XV teve sentidos desiguais do ponto de vista da dinâmica demográfica. As regiões incorporadas ao processo de acumulação primitiva sob imediata forma de exploração colonial são reduzidas. Durante o longo tempo que vai até o século XVIII, os contatos com África e Ásia diferem dos que encontramos para a América Latina. Todavia, em qualquer um desses casos, a vinculação pouco interfere na expansão demográfica da grande generalidade dos seus povos. À exceção da África, onde o tráfico negreiro provoca uma razia demográfica entre os povos, que se acelera no século XIX e se prolonga nos maus tratos aos escravos nas colônias. As guerras de conquista empreendidas na África e na Ásia no decorrer deste mesmo século produzem a elevação da mortalidade nestes continentes. Só o forte fluxo migratório de europeus, que se prolonga até as portas da Primeira Guerra Mundial, concorre para a elevação da densidade absoluta de regiões dos três continentes.

O fato é que ao período de expansão demográfica acelerada do continente europeu corresponde, correlativamente, um período de lenta expansão no resto do mundo – à exceção das regiões alimentadas pelas migrações europeias.

É a necessidade de subverter a velha divisão internacional do trabalho, com o fim de ultrapassar os obstáculos interpostos à acumulação capitalista, que irá abrir a fase atual de "explosão" demográfica. A mundialização das necessidades de mercado e parte das indústrias, não mais do capital mercantil, inicia a desagregação das relações coloniais e rompe com os limites de sua expansão populacional a partir dos meados do século XX.

A integração das economias do mundo às necessidades da indústria cresce rapidamente. A internacionalização da crise profunda de 1929 dos Estados Unidos demonstra o grau que essa integração já atingira à época. A partir da década de 1940, as relações coloniais se desfazem e dão lugar a uma economia comandada pelo mercado dentro das próprias ex-colônias, aqui substituindo, acolá reinventando a velha economia exportadora, subvertendo-a sempre.

Repete-se, agora em escala internacional, e sob particularidades locais, o incremento demográfico desencadeado na Europa pelo processo de Revolução Industrial. A mundialização da desagregação das relações pré-capitalistas pelo avanço das relações de trabalho e produção industriais acelera o crescimento demográfico em escala mundial, originando a explosão demográfica.

Como, nisto diferindo do processo histórico europeu, a inserção das ex-colônias e semicolônias na economia industrial já se realiza nos quadros internacionais de alto desenvolvimento das forças produtivas, os efeitos desse desenvolvimento nos trabalhos de saneamento e drenagem das áreas

O HOMEM ESTATÍSTICO

incorporadas aos cultivos e expansão da produção agrícola sobre o crescimento populacional é imediato, criando-se no campo um enorme exército de força de trabalho que alimenta em ritmo contínuo a indústria e a economia urbana, cujo desenvolvimento se acelera na cidade.

A estrutura dos homens concretos

A separação da propriedade das forças produtivas no capitalismo, opondo proprietários dos meios de produção e proprietários de sua força de trabalho, introduz uma brutal diferenciação social entre os homens, afetando fortemente seu comportamento demográfico ao determinar as respectivas condições da existência. Esta estrutura social é a real estrutura da população. Negro, branco, mulher, homem, criança, jovem, velho são características que se definem a partir dos referenciais cultural-antropológicos, isto é, do universo de práticas e valores traduzidos como comportamentos sociais historicamente concretos. Evidentemente, uma criança difere de um velho. Mas uma criança, no mundo real das sociedades de classes, não tem sua evolução e características demográficas determinadas apenas biologicamente. Antes, sua evolução biológico-natural sofre fortemente a carga de sua condição social: esta é que determinará o que será quando tornar-se velha, porque é quem dirá como e quando ficará velha. Todavia, não se deve dispensar o aspecto natural daquelas características.

Se o alheamento dos referenciais socioculturais traz implicações, não são menores as consequências do alheamento das referências biodemográficas. Se não se pode cair no reducionismo do desconhecimento de que as diferenças etárias e de sexo ou de raça determinam situações reais de especificidades no interior dos homens, os referenciais concretos dessas diferenciações na nossa sociedade de brutais diferenças sociais de classes são as formas sociais concretas que definem o que são estes homens: burgueses, latifundiários, operários, camponeses, biscateiros, artesãos – em uma sociedade desenvolvida ou atrasada.

Do contrário, como avaliar o peso social real de cada homem, se este homem não é visto a partir de sua configuração social real? Por que um jovem não significa exatamente o mesmo em uma sociedade primitiva e em uma sociedade moderna? E o que dizer do significado dos índices de mortalidade infantil? Se é possível objetar que o jovem é um jovem etaricamente, independentemente da natureza da sociedade, vale lembrar que a reprodução de sua existência biológica só se faz segundo sua inserção social e nos termos dessa inserção. Notem-se as pesquisas de puberdade entre jovens das sociedades antigas e as modernas sociedades urbanas que vêm fazendo os antropólogos, mostrando

|95|

PARA ONDE VAI O PENSAMENTO GEOGRÁFICO?

que o fenômeno tende a ocorrer em idades físicas cada vez mais jovens, em função do ritmo da urbanização dos modos de vida.

A terciarização do sistema econômico

Por fim, também saem desse quadro as características e movimentos da estrutura setorial. O modo de produção capitalista gira ao redor da produção e realização do valor, duas esferas que se articulam como um ciclo D-M-D'. Quanto mais o nível das forças produtivas e a escala da abrangência do mercado se expandem, mais a população trabalhadora aumenta no circuito da realização do valor, e mais diminui proporcionalmente no circuito da produção do valor. É essa lei que vemos atuando nas mudanças da estrutura setorial. Nas economias avançadas, a esfera da circulação adquire fundamental papel, uma vez que dela passa a depender a velocidade da realização do valor (o tempo de retorno do capital à forma dinheiro no circuito D-M-D'). É assim que a população ativa ocupada nessa esfera cresce e se dilata no interior da divisão do trabalho.

Ocorre que o trabalho sob o capitalismo engloba o trabalho produtor de valor e o trabalho não produtor de valor. Isto é, há o trabalho produtivo e o trabalho improdutivo. Dessa forma, o trabalho improdutivo (comércio, transporte, serviços: o "setor" terciário) cresce desproporcionalmente em relação ao trabalho produtivo (indústria, agricultura, extrativismo: os "setores" secundário e primário), o que, antes de indicar uma evolução da divisão do trabalho na direção de um patamar superior, indica a tendência da queda da mais-valia, atuando como uma "lei tendencial de declínio da taxa de lucro" de que a terciarização atua como a própria contratendência, dado o nível de produtividade do trabalho (manifesto na aceleração do tempo do ciclo D-M-D') que a acompanha.

Isto significa dizer que por intermédio da ampliação e diversificação das atividades como o comércio, os transportes, a publicidade, o assessoramento técnico, a corretagem etc., o capital acelera sua própria velocidade de rotação, resolvendo o problema da tendência do declínio da taxa de mais-valia, e, assim, da taxa de lucro. O desenvolvimento e agilidade dos meios de transportes, comunicações e transmissão de energia (os meios de transferência), por exemplo, encurtam a distância real – a distância física fica subvertida, acontecendo o que Harvey denomina de compressão espacial (Harvey, 1992) – e, então, aceleram a realização do valor. De outro lado, ao baixar os custos gerais, aumentam o poder do capital monopolista (o grande capital) de capturar frações de mais-valia dos lugares de mais baixa composição orgânica (mais alto custo/ maior taxa de mais-valia). As vias de transporte e comunicações modernas convertem-se, assim, em poderosos tentáculos do capital, e bases físicas de apoio

O HOMEM ESTATÍSTICO

da cerrada artilharia das mercadorias que o grande capital lança sobre seus concorrentes, forjando a estrutura setorial correspondente.

Todavia, precisamente em função disto, por se multiplicar mais vezes por unidade e para além do seu tamanho pela via de sua inserção em volume crescente na esfera do trabalho improdutivo, o capital passa a se reproduzir com margem cada vez mais descolada do trabalho produtivo. De modo que é cada vez maior a margem improdutiva de capital a multiplicar-se por vias improdutivas, aumentando as dimensões do capital improdutivo que cresce seguindo a fórmula D-D'.

A terciarização é, portanto, a forma de aceleração da realização do valor, exatamente e não mais que isto.

A distribuição e a mobilidade territorial da população no espaço do capital

Da mesma forma como nas estruturas que acabamos de ver o real é tomado por suas determinações naturais (de idade e sexo na "estrutura etária", e tecnocientíficas na "estrutura setorial"), também as distribuições territoriais são tomadas por determinações naturais (relevo-clima-solo). Assim, as estruturas territoriais se naturalizam e transcendem o histórico-concreto na geografia da população tradicional.

A distribuição territorial da população, entretanto, só no geral e na aparência é a mesma desde os primórdios da civilização até os dias de hoje (basicamente com os mesmos contrastes de "desertos demográficos" e "formigueiros humanos" dividindo o ecúmeno do globo terrestre, a exemplo do vazio das regiões frias/excessivamente montanhosas/secas e da concentração da metade da humanidade nas planícies fluviais intercordilheiras da Ásia Oriental, ligeiramente alterado, desde a pré-história, pela expansão do ecúmeno pelas Américas e Oceania).

A mera fotografia da geometria do espaço, mostrando uma certa constância na concentração ou rarefação da população em determinadas regiões do globo, nada revela sobre o conteúdo real dessa distribuição da população aí localizada. A análise linear apenas servirá para reforço das teses malthusianas, que têm sido a bússola da geografia da população.

Os homens e o tecido social não são os mesmos, inclusive nas regiões onde a distribuição territorial da população no geral é a mesma. Se a Ásia Oriental teve, sempre, a maior concentração humana da Terra, abrigando a humanidade aos milhares em seus vales aluvionais, somente nos dias de hoje tornou-se o exemplo de subdesenvolvimento. Concentração até recentemente de servos da gleba, apresenta hoje concentração de camponeses em desterritorialização, que

|97|

PARA ONDE VAI O PENSAMENTO GEOGRÁFICO?

sustenta uma combinação desigual fornecedora de fantástica massa de excedente (mais-valia) para a acumulação mundial, mas, sobretudo, concentração da convergência das diferentes experiências de rupturas históricas, exemplificadas no Japão (capitalismo central), Índia (capitalismo periférico-dependente) e China (socialismo de mercado). Para além da atração-repulsão das condições naturais, o que importa é o que isto significa perante as condições existenciais concretas de vida que os homens aí constroem e as razões dos atrasos e avanços dessa construção da história regional. Mais importante que a indagação das razões da concentração de metade da humanidade no oriente asiático desde os primórdios da civilização, ou a listagem das implicações das densidades demográficas sobre uma região já densa de povoamento, é o modo de inserção na rede de relações sociais o que determina a estrutura territorial dos homens.

Até porque o papel que jogam a distribuição territorial da população e as migrações (estas não são mais que elo entre a distribuição e redistribuição) tem sua lógica na natureza dos modos de produção, que estão em sua gênese e configuração. E são estes modos de produção e suas determinações sobre as territorializações que evidenciam em seus estudos de população Emmanuel Terray (*O marxismo diante das sociedades primitivas*), Frantz Fanon (*Os condenados da Terra*), Alberto Memmi (*Retrato do colonizado precedido pelo retrato do colonizador*), Claude Meilassoux (*Mulheres, celeiros & capitais*), Arguiri Emmanuel (*A troca desigual*), Samir Amim (*O desenvolvimento desigual*), Maurice Godelier (*Racionalidade e irracionalidade na economia capitalista*), em seus trabalhos em diferentes áreas da geografia.

Sob o capitalismo, aquilo que vemos se revelando na geometria da distribuição-redistribuição territorial da população é a ordem que, pelo processo da acumulação primitiva, se foi constituindo como arcabouço da transformação da população em "população para o capital" (Oliveira, 1977), e que, desde então, mantém-se como arcabouço territorial e demográfico da população nas sociedades modernas.

O que caracteriza o arranjo do espaço geográfico em qualquer sociedade é que esse arranjo espelha a ordem interna que preside a sua organização, isto é, a estrutura real da sociedade. É precisamente o plano aparente desta estrutura – que designamos paisagem – o que vemos na forma da ordem geométrica do arranjo. E é por isso que nenhuma ordem geométrica é neutra. Não por acaso é uma ordem.

A mobilidade territorial do trabalho e a urbanização do espaço global

O que caracteriza a distribuição territorial das populações na ordem espacial do capitalismo avançado é a livre mobilidade do capital e do trabalho. Uma relação empurra a outra: a livre mobilidade territorial do capital só é possível com a cada vez mais plena mobilidade territorial do trabalho. Daí, a distribuição/redistribuição ser a constante da população. Hoje, um fato de escala mundial. E a causa disso é a mundialização do modo capitalista de produção.

A forma espacial por excelência da mobilidade do trabalho e do capital é a urbanização, fenômeno que se expressa no crescente peso da transferência da população dos campos para as cidades e, hoje, sobretudo entre as cidades.

A construção do capitalismo tem seu fio evolutivo na criação do mercado de moeda, de terra e de força de trabalho. Cada criação de mercado se apoia na criação anterior, de modo que a culminância do processo é a instituição do mercado global, cujo elo-chave é o mercado da força de trabalho. Somente quando a sociedade se apoia na compra-venda de força de trabalho se pode dizer que a relação do mercado é integralmente capitalista. Esta sucessão de metamorfoses que leva à instauração de fato do mercado capitalista tem por consequência um paralelo e contínuo processo de mobilidade territorial do trabalho e do capital.

A ECONOMIA DO
ESPAÇO-MUNDO-DA-MERCADORIA

A economia é o terço final do modelo N-H-E. Sua função é unificar os dois terços anteriores numa organização unificada, tomada a lógica do mercado como o elo de unidade e unificação dos elos e do espaço. Vejamos este encontro e como este terço fecha e amarra a estrutura N-H-E.

O que concebemos por economia na geografia

A natureza insensível e o homem estatístico se encontram no espaço da economia. A primeira aparece como estoque de recursos e o segundo, como necessidades de consumo. Para juntá-los numa só equação, aparece a teoria do mercado como agente principal da organização material da sociedade moderna, orientada na teoria do valor utilidade marginal.

Indústria: o polo germinativo

O estudo da indústria geralmente inicia o estudo da geografia econômica. A indústria é vista como atividade de transformação. Ela retira do meio a matéria-prima sob a forma natural, como a natureza a produziu, e a ela devolve sob uma forma que a natureza jamais produziria. Por isso, é também uma atividade de interação. Ela recolhe a produção que usará como matéria-prima de outras áreas e envia para outras áreas os produtos que produziu, a fim de oferecer-lhes como bens de consumo, estruturando com elas

PARA ONDE VAI O PENSAMENTO GEOGRÁFICO?

uma relação de montante e jusante, criando o espaço industrial. George assim caracteriza esse espaço:

> A organização do espaço industrial não se distingue apenas do espaço agrícola por uma diferença de natureza. Repousa sobre as estruturas técnicas originais, cujo impacto nada tem de comum com as formas de ocupação do espaço agrícola. Essas diferenças fundamentais se expressam, em primeira análise, por modos originais de projeção no espaço. O espaço industrial, ao mesmo tempo, é concentrado e universal. É também, simultaneamente, contínuo e organizado em feixes de relações. (George, s/d, p. 101)

George ainda observa que, no estudo na indústria, "impõe-se uma primeira diferenciação de tipos: a da empresa e do estabelecimento". A que acrescenta:

> O estabelecimento é a unidade concreta de fabricação. Inscreve-se na paisagem geográfica sob a forma de um conjunto, mais ou menos extenso, de construções utilitárias, de emprego unitário, cujo ritmo quotidiano de atividades é marcado pelo fluxo e refluxo dos operários. [...] A empresa é a unidade financeira de produção. É uma forma invisível de organização: sua única manifestação concreta é a domiciliação da sede social. Pode comportar um número qualquer de estabelecimentos situados em locais variados e distintos do sítio da localização da firma social. (George, 1965, pp. 71-72)

Geralmente, o estudo da geografia econômica se atém ao estabelecimento, do qual deriva o conceito de industrialização, como sendo o aumento e difusão numérica dos estabelecimentos no espaço de um país, e da teoria da indústria, como sendo o estudo dos problemas e características da localização do estabelecimento. Toma, assim, o estabelecimento industrial pela indústria e o fenômeno de industrialização da sociedade consequentemente pelo aspecto basicamente estatístico.

No entanto, outras determinantes intervêm na definição do espaço industrial, além das locacionais. George associa o espaço industrial a quatro características – a concentração, a descontinuidade, a reticulação (feixe de relações) e a universalidade, a que acrescentamos a mobilidade. Cada uma dessas características expressa a ação de uma "lei" espacial: a concentração relaciona-se à economia de escala/aglomeração, a descontinuidade à teoria da localização, a reticulação à divisão territorial do trabalho, a universalidade aos níveis de inserção dos produtos no mercado e a mobilidade à deseconomia de escala/aglomeração.

A concentração refere-se à aglomeração territorial dos estabelecimentos industriais em face da economia de escala/aglomeração. O espaço tem um preço.

|102|

A ECONOMIA DO ESPAÇO-MUNDO-DA-MERCADORIA

Este preço é determinado pelas taxas e impostos que se paga com energia, água, esgoto, coleta de lixo, rede de transportes, comunicações etc. A fim de reduzir ao máximo o peso desse gasto no custo geral da produção industrial, as indústrias buscam compartilhá-lo com outras, assim surgindo a concentração industrial. Também faz parte da escala a sinergia, em que uma indústria se completa na outra pelo compartilhamento dos seus produtos, quando o produto de uma é matéria-prima de outra, levando-as a se localizarem juntas. Daí podermos distinguir quatro tipos de concentração industrial, indo da menor à maior escala de concentração e sinergia: o polo industrial (geralmente formado por indústrias de um ou poucos ramos, podendo ser mono ou polindustrial), o centro (formado de um número maior de ramos e estabelecimentos), a região (centro industrial ampliado e com uma diversidade de estabelecimentos de quase todos os ramos de indústria) e o complexo (a concentração formada por alto nível de sinergia entre a totalidade dos ramos de estabelecimentos nela localizados, sinergia esta geralmente puxada por um ramo de indústria fortemente germinativo, a exemplo da montagem de automóvel, de cujo produto coparticipam quase todos os ramos da indústria moderna).

A descontinuidade refere-se à distribuição das massas da concentração industrial, originada pelas determinações da localização. A teoria clássica, formulada por Alfred Weber em 1909, relaciona a localização industrial à determinação de três fatores: a matéria-prima, o mercado consumidor e a mão de obra. O peso da incidência do custo do fator no custo geral da produção puxa para si a localização. O peso igualado dos três fatores leva a localização para um ponto intermédio (supondo um triângulo equilátero, seria o ponto do meio), chamado por Weber de ponto ótimo de localização. A rigor, a teoria clássica é uma teoria da determinação do custo do transporte (do deslocamento da matéria-prima ou da mão de obra do seu ponto local para a fábrica ou do produto da fábrica para o mercado de consumo) sobre o custo geral, a localização sendo aquela de menor custo de transferência. A teoria moderna de localização relaciona-se de modo direto ao custo dos meios de transferência (transporte, comunicação e transmissão de energia), vinculando a localização industrial a uma liberação dos constrangimentos locacionais na medida do desenvolvimento da tecnologia dos meios de transferência no tempo. A determinação locacional diminui, assim, da ditadura do carvão, no tempo da teoria clássica, para a quase liberdade de localização perante o alto nível técnico dos meios de transferência em nossos dias. Esta é, inclusive, a origem da mobilidade e difusão territorial que a indústria apresenta hoje e da globalização.

PARA ONDE VAI O PENSAMENTO GEOGRÁFICO?

A reticulação refere-se à organização do espaço industrial em rede pelo efeito da divisão territorial do trabalho e das trocas, em que se incluem as duas "leis" espaciais anteriores. A divisão territorial do trabalho é a ramificação e espacialização produtiva das áreas e setores da indústria, levando estas áreas e setores a se diferenciarem por suas especializações. Esta especialização cria a interdependência e a troca entre as áreas, a exemplo da relação de montante e jusante antes referida, o que organiza as indústrias numa relação em rede dentro de outras redes. A localização economicamente adequada da indústria e a proximidade das localizações tendo em vista a economia de escala fazem as características da concentração e da descontinuidade se organizarem dentro dela, transformando a determinação da distribuição territorial do trabalho e das trocas em uma "lei" de incidência mais ampla.

A universalidade se refere ao nível de inserção de mercado dos produtos. Existem produtos que somente podem ser encontrados no mercado local. Outros que podem ser encontrados nos mercados local e regional. Outros ainda que se encontram nos mercados local, regional e nacional. E há os que podemos encontrar em todos os níveis de mercado. Estes são os produtos universais.

A mobilidade da indústria, por fim, refere-se à deseconomia de escala/aglomeração. Ao ultrapassar o nível ideal de aglomeração, o efeito da concentração sobre o preço do espaço se inverte, tornando-se alto e antieconômico. Então, para fugir da deseconomia, as indústrias migram para áreas novas, onde, com o tempo, vão formar novas concentrações e repetir a deseconomia, num movimento de migração constante. A facilidade da relocalização propiciada pelos níveis tecnológicos atuais dos meios de transferência entra aqui com forte dose de influência, criando um quadro de migrações de indústrias em escala e frequência sempre crescente, levando o fenômeno industrial a espraiar-se pelas pequenas cidades e áreas do espaço rural, favorecendo a fusão do campo e da cidade, da indústria e da agricultura, que tem levado à multiplicação das agroindústrias.

Agricultura: o mundo eclético

Se a indústria é vista como fator dinâmico e originador de espaços, a agricultura é vista como sinônimo de tradição e ecletismo.

O mundo da agricultura é governado pela natureza e pela heterogeneidade temporal da história. Daí, sua apreensão obedecer a um critério mais classificatório que explicativo na geografia econômica. Trabalha-se com uma taxonomia agrária (melhor dir-se-ia agrícola) de múltiplos critérios: ora é o critério técnico (os sistemas de cultivo: roça, *plantation*, jardinagem e culturas associadas), ora de

|104|

mercado (autoconsumo, mercado interno e mercado de exportação) e ora ainda de organização (administração direta/indireta, propriedade individual/coletiva), na montagem da classificação e formulação do conceito. Existem, assim, pelo conceito estrutural e técnico-agronômico, a policultura e a monocultura, a extensividade e a intensividade, a rotatividade de terras e a rotatividade de culturas, a consorciação e a não consorciação. Mas tomando por referência o mercado, existem a agricultura das economias e sociedades não comerciais, a agricultura das economias e sociedades de mercado urbano tradicional e a agricultura das economias e sociedades de mercado urbano moderno.

Seja como for, a distribuição locacional da agricultura é vista em função das determinantes de mercado e ecológicas. Pelas determinações do mercado, a agricultura se organiza em áreas concêntricas (Von Thünen chama-as de anéis e os geógrafos americanos de *belts*) ao redor da cidade central, variando o uso do solo de acordo com o efeito da distância sobre o custo do transporte e o valor da terra, e, então, a rentabilidade. No âmbito estrito da agricultura de mercado, as determinações naturais atuam definindo o zoneamento (topografia, solos, agroclimatologia etc.) e o calendário agrícola (clima, sazonalidade). São estas determinações em conjunto que nessa forma de agricultura impõem o tipo de produto que em dado lugar e em dado momento se irá plantar e colher.

Nas sociedades tradicionais, ditas sociedades sem mercado ou de pequena presença deste, é o ambiente natural que orienta quase tão somente a organização do espaço.

A paisagem dessas duas grandes formas de geografia agrária mostra com evidência essas diferenças. A agricultura de mercado é especializada e se organiza nos quadros de uma divisão territorial de trabalho e de trocas em áreas fortemente competitivas e diferenciadas por seus produtos e interações. É uma paisagem associada à separação entre a cidade e o campo por suas funções econômicas, em geral determinada em seu arranjo e fisionomia pelas necessidades da indústria localizada na cidade, o que vemos. A agricultura tradicional é marcada pelo forte consorciamento das culturas, a que não falta o criatório, em geral determinado pelo que Sorre denomina complexo alimentar (Sorre, 1961). E o que vemos na paisagem é uma agricultura dominantemente de autoconsumo e que marca na paisagem uma fisionomia que se caracteriza pela longa duração.

Comércio e serviços: o elo unitário

O papel de elo interno da divisão do trabalho entre indústria e agricultura cabe às atividades do comércio, dos transportes, das comunicações e dos

PARA ONDE VAI O PENSAMENTO GEOGRÁFICO?

serviços. Daquilo que a geografia econômica designa por atividades do setor terciário. O terciário é a correia de transmissão, o elo dinâmico da interação entre os polos de produção – a agricultura e a indústria – e de conjunto.

A interdependência entre indústria (setor secundário) e agricultura (setor primário) criada pela divisão territorial do trabalho é a origem das trocas, gerando um movimento de fluxo mercantil entre as respectivas áreas, cuja expressão visível é a rede de transportes e comunicações por intermédio da qual o produto de uma chega à outra e a todos os consumidores.

É a cidade que encarna esse elo integrador do terciário, bombeando e organizando o território da divisão do trabalho e das trocas e o fluxo dos produtos do lado agropastoril e do lado industrial, numa hierarquia de circuitos que começa em sua relação com o campo e se alarga para a região, o país e o plano mundial.

Nervo vital da integração entre os espaços articulados pelo setor terciário, a cidade organiza o terciário internamente ao seu espaço, por meio de um equipamento terciário composto pelos diferentes organismos do comércio (lojas, supermercados etc.) e dos serviços (bancos, escolas, hospitais etc.).

Cidade e campo: a divisão territorial do trabalho e a relação escalar
A cidade e o campo são, juntos, a expressão territorial do conjunto dos setores, e refletem a especialização do trabalho entre os setores da indústria e da agricultura. De modo que cidade e campo são as duas partes a partir das quais se divide territorialmente o trabalho. Assim, a cidade e o campo são as partes da unidade espacial em que se envolvem os polos da esfera da produção (indústria e agricultura) e os polos da esfera da circulação (comércio, serviços e meios de transferência) como setores da divisão social do trabalho. O intercâmbio indústria-agricultura espacialmente aparece, pois, mediante o intercâmbio entre cidade e campo e daí atinge a totalidade do espaço organizado pela divisão territorial do trabalho.

Esta relação envolvendo a cidade e o campo a partir da relação de troca entre a indústria e a agricultura segue uma evolução histórica diferenciada em três fases: a da separação entre artesanato e agricultura (que dissocia cidade e campo), quando do nascimento do capitalismo; a da consolidação fabril da indústria (que urbaniza a cidade e especializa o campo na agropecuária), na fase madura do capitalismo; e a da industrialização da agricultura (que terciariza a cidade e urbaniza o campo), do atual momento de internacionalização do capitalismo (Moreira, 2006d).

A ECONOMIA DO ESPAÇO-MUNDO-DA-MERCADORIA

Foi a marcha do tempo, pois, que tornou cidade e campo espaços bem demarcados, diferenciados um do outro por paisagens absolutamente próprias, bastando para tanto olharmos as respectivas fisionomias. A cidade é a área da multiplicidade das atividades econômicas, das grandes aglomerações e densidades de população, do burburinho incessante. O espaço das cidades é descontínuo: as cidades diferem umas das outras no interior da rede interurbana e os bairros são contrastantes uns com os outros dentro de cada cidade.

O tempo da cidade é o tempo da cultura técnica, respirando a cidade uma atmosfera tecnocientífica que há muito dissipou a natureza. O perímetro urbano rompe bruscamente com a paisagem urbana e marca a passagem para o campo. O campo é a extensão multicolorida dos grandes cultivos, do *habitat* das grandes paisagens e dispersões humanas, dos movimentos lentos. É a continuidade do silêncio de quando em vez quebrado pelo tráfego das longas e monótonas fitas de estradas que longinquamente apontam para as cidades. O tempo do campo é o peso arrastado dos ciclos da natureza, que comanda o calendário agrícola das safras e das festas mesmo nos quadros da agricultura industrializada.

Só o vaivém ininterrupto do intercâmbio mercantil, sob o agitado comando da cidade, une estes mundos. A fonte dessa hegemonia é o equipamento terciário. O tamanho desse equipamento varia, todavia, entre as cidades, razão pela qual entre as próprias cidades se estabelece uma relação de comando. A hierarquia cidade-campo se reproduz na relação cidade-cidade e região-região a partir do tamanho do equipamento terciário. A cidade comanda com seu equipamento terciário o campo da sua relação. A cidade de equipamento superior comanda o campo da sua relação e a área de comando da primeira, formando-se uma relação cidade-região hierarquizada na hierarquia urbana. Diferentes níveis vão se sucedendo na sequência do nível do equipamento terciário, compondo-se na subida dessa sequência da hierarquia urbana uma rede de hierarquia regional polarizada nas cidades que culmina na metrópole nacional, e mesmo extrapola para a escala mundial.

Esta demarcação entre cidade e campo foi projetada, na virada dos séculos XIX-XX, para o plano da relação entre os países, separados territorialmente agora pela divisão internacional do trabalho. Como que reproduzindo em escala mundial a relação interna dos países desenvolvidos, países industrializados (países desenvolvidos) e países agrários (países subdesenvolvidos) vão se relacionar dentro da divisão internacional do trabalho e das trocas numa equivalência de relação campo-cidade.

A designação de países agrários tem origem na economia colonial. De um modo geral, os países subdesenvolvidos são as colônias do passado e os

PARA ONDE VAI O PENSAMENTO GEOGRÁFICO?

desenvolvidos são as metrópoles que se industrializaram. O desenvolvimento industrial de antigas metrópoles converteu as antigas colônias em equivalentes de áreas de atividade do campo em relação às quais as metrópoles se reafirmam como equivalentes de cidades, organizando a divisão internacional do trabalho e das trocas nos termos das trocas entre indústria e agricultura.

Dessa forma, os países que se transformaram industrialmente tornaram-se "a cidade", em virtude do caráter dinâmico, relacional, germinativo, universalizante do fenômeno industrial. Já os que se mantiveram atrelados a uma economia de base agrária, arcaica e incapaz de imprimir dinamismo e de encaminhar soluções para os problemas agravados pela explosão demográfica, tornaram-se "o campo".

A industrialização que ocorre em todos os continentes a partir dos anos 1950 e a intensa mobilidade territorial da indústria que ocorre por volta de 1970 iniciam, entretanto, o processo de dissolução das barreiras que demarcam campo e cidade dentro dos países e entre os países e dão origem às relações em rede que recobrem parcelas de espaço em escala do planeta e os levam à globalização.

As fontes e a evolução da concepção de economia na geografia

O conceito de economia da geografia econômica é o que melhor exprime o mimetismo da fronteira. São as ideias das teorias neoclássica e keynesiana que saem direto da economia para a geografia econômica. Vejamos essa passagem.

Da riqueza ao valor-de-troca

A tradição do pensamento humano tem sua raiz mais antiga no conceito de riqueza. A riqueza entendida como tudo que é capaz de contemplar as necessidades dos homens. E natureza e o trabalho entendidos como formas de riqueza inatas. A natureza é a fonte originária das riquezas. O trabalho é a fonte que prepara e disponibiliza a riqueza natural na forma hábil para o consumo humano. Tal o conceito de riqueza nas sociedades antigas.

O nascimento da modernidade troca o conceito da riqueza pelo conceito do valor. Traz uma concepção nova que entende a riqueza como tudo aquilo que apresenta valor para fins de mercado. E, assim, submetidos ao conceito do valor, natureza e trabalho viram fatores de produção definidos no mercado por seu valor monetário.

Desde então, coexistem nas teorias e nas práticas humanas estas duas noções de riqueza, a ideia de riqueza da tradição, hibernando no interior das

|108|

A ECONOMIA DO ESPAÇO-MUNDO-DA-MERCADORIA

utopias, e a ideia moderna de riqueza como valor, em que tudo é traduzido na água fria do valor-para-fins-de-mercado.

Do valor-de-troca à economia-como-produção-para-o-mercado

O mercado passa, assim, a comandar a relação com a natureza e o trabalho, desenvolvendo, com relação ao valor-de-troca, as atividades de produção e estabelecendo o parâmetro do conceito de riqueza, natureza e trabalho. Nele, é a teoria do valor-de-troca que vai do mercado para a relação da produção e define produção e mercado como sistema-de-valor-para-os-fins-do-mercado.

As próprias sociedades passam a se classificar na história em função do parâmetro do mercado. Existem as sociedades que produzem para subsistência e as sociedades que produzem para o mercado, a passagem de uma a outra marcando o progresso. A base material dessa passagem é o desenvolvimento do nível técnico das atividades, de acordo com o qual se organiza a relação de transformação da natureza pelo homem. Nas sociedades de subsistência, as atividades econômicas se apoiam em níveis técnicos simples e a relação de transformação da natureza por isso limita-se ao que determinam as necessidades do consumo familiar – apenas as sobras do consumo familiar sendo levadas ao mercado para troca. Já nas sociedades voltadas para o mercado, os níveis da tecnologia, dada a própria exigência do mercado, são mais elevados.

A relação de transformação da natureza ganha um horizonte ilimitado, conforme seja o tamanho da demanda e a escala da extensão territorial do mercado. Por isso, a divisão do trabalho é mínima nas sociedades de subsistência, encerrando-se no horizonte das atividades agropastoris, incluindo-se a indústria artesanal. Nas sociedades de mercado, a divisão do trabalho inclui ampla gama de relações de produção e de trocas organizadas com centro na moderna indústria fabril e nas relações de troca desta indústria com a agricultura, articulando a produção e o mercado com base nas relações de troca entre o campo e a cidade, sob o comando desta.

Apoiadas no discurso do progresso, as sociedades baseadas no mercado se difundem e avançam pelos países sobre as ruínas das sociedades de subsistência. Estas sociedades surgem na Europa no correr dos séculos XII ao XIV, ganham força de aceleração a partir do Renascimento, das grandes navegações e grandes descobertas, e evoluem nos séculos XVIII e XIX até se tornarem a forma dominante das sociedades na história.

É esta forma de economia que hoje se globaliza, organizando as relações econômico-sociais nos lugares ainda baseados nas formas econômicas passadas,

PARA ONDE VAI O PENSAMENTO GEOGRÁFICO?

e assentando a produção como produção de valor, não mais de riqueza (ou de riqueza vista como valor), como uma economia-inteiramente-voltada-para-fins-de-mercado.

Da economia como produção-para-o-mercado à economia como uso-racional-dos-fatores-de-produção

Assim, fazer uma sociedade funcionar economicamente passa a ser fazer mobilizar os fatores de produção natureza e trabalho sob o ponto de vista do valor, isto significando racionalizar seu uso em emprego nos parâmetros do custo e da produtividade como parâmetros do preço e fontes da sabedoria do lucro e da acumulação. De forma que surge o entendimento da economia como produção-para-o-mercado tal qual uma economia do uso-racional-dos-fatores-de-produção. E o entendimento da racionalidade como sinônimo de perda mínima e retorno máximo do dinheiro gasto na obtenção e uso dos fatores de produção, dinheiro e organização racional recebendo o nome de fator capital.

Pensar a teoria econômica é teorizar o encontro racional dos fatores terra (a natureza), trabalho (o homem) e capital (a empresa): a natureza é o fator recursos naturais (a contar dos solos, das matérias-primas e das fontes de energia) e está na base das atividades da agricultura, pecuária, do extrativismo e sobretudo da indústria; o homem é o fator mão de obra que move a natureza em todas as atividades; e o capital é o fator organização que integra unidades de espaço mediante a divisão territorial racional do trabalho. O balanço do rol dos recursos naturais e da mão de obra disponíveis e das estimativas de tempo dos respectivos usos é, assim, o primeiro mandamento dessa escola de economia. E o custo operacional é o seu objetivo, o que significa o primado do fator capital, ou seja, da empresa, junto aos demais fatores.

Da economia como uso-racional-dos-fatores-de-produção à economia-comandada-pelo-custo-do-dinheiro

Racionalidade nessa escola econômica é sinônimo de econometria. Portanto, sinônimo do elenco de instrumentos de medida cujo primeiro parâmetro é o preço do dinheiro. A medida de um bem pelo outro deve ser feita na justa medida dos custos e do preço, e o quanto custa o dinheiro é a referência da medida. De maneira que a moeda, isto é, o dinheiro em sua forma concreta, variável em forma e valor de país a país, é a fita métrica que a humanidade deve usar em vista da determinação da medida justa do valor-dinheiro no momento das trocas no mercado. Cada bem econômico deve ser vendido e comprado no mercado em função do seu custo e do seu preço, um valor medido em quantidade de moedas. Trocam-se assim os bens, trocando-se cada qual pela quantidade real de moedas que ele vale.

Tal presença mediadora que faz da moeda – não da natureza e do trabalho – um valor equivalente do valor real de cada bem acaba por fazer dela a viga mestra da organização da própria sociedade alicerçada numa economia do mercado. De modo que a economia dos fatores de produção se transfigura no mercado como uma economia comandada pelo preço do dinheiro. Surge assim a noção da economia como uma atividade dinâmica de trocas, organizada no mercado pelo valor simbólico do dinheiro, a moeda, que vira sinônimo da própria riqueza, e a racionalidade monetária assumindo a própria lógica imanente da história perante os homens.

Da economia-comandada-pelo-custo-do-dinheiro às teorias de espaço e localização

É esta racionalidade do preço do dinheiro que passa a comandar a organização do espaço. E é a geografia a ciência que estuda tal organização. Daí que seu núcleo de referência seja a teoria da localização. A teoria de localização vira a designação geral que recebe todos os modelos referidos à organização racional do espaço, ou espaço visto a partir da racionalidade do mercado indicado no lugar central ocupado pela cidade. É assim desde a teoria dos anéis agrários de Von Thünen, de 1826, até a teoria dos polos de crescimento de François Perroux, de 1966, passando pela teoria da localização industrial clássica de Alfred Weber, de 1909. Todas informadas no chamado *minimax*, uma espécie de conceito geral que define os parâmetros do espaço na economia de mercado – minimização dos custos para uma maximização dos lucros –, a economia comandada pelo preço do dinheiro se transformando na geografia econômica.

Para a crítica do conceito de economia na geografia

Assim, a sociedade é vista na geografia econômica como um mundo instituído pela e com raiz mercantil. Do mercado vem a lógica das relações e a valoração das coisas. E do mercado vem a essência da linha que costura o pensamento geográfico em sua afirmação do espaço como terreno da organização econômica racional da sociedade.

A raiz: o conservadorismo neoclássico e keynesiano

Com a evolução da teoria econômica, entretanto, a geografia econômica torna-se uma combinação da economia neoclássica, a forma conservadora

PARA ONDE VAI O PENSAMENTO GEOGRÁFICO?

que o liberalismo adquire entre 1870 e 1912, e da economia keynesiana, a forma social-democrática que incorpora e reformula os parâmetros do marginalismo econômico a partir da crise dos anos 1930, hoje atropelados pela economia neoliberal.

A partir dos anos 1970, é esta combinação o objeto da crítica da teoria do espaço na geografia, seja pela reiteração do discurso da racionalidade por meio da geografia quantitativa, retirada da teoria neoclássica, seja pela reiteração da ação do Estado, retirada da economia keynesiana.

A doutrina neoclássica é a teoria da economia como fenômeno mercantil regido pelo valor utilidade marginal. É o pensamento econômico que rompe na passagem do século XIX para o XX – no momento em que o positivismo se institui e se generaliza como concepção de mundo – com a teoria do valor trabalho da economia clássica. Seus formuladores originários são o inglês Stanley Jevons (1835-1882), o austríaco Carl Menger (1840-1921) e o francês Léon Walras (1834-1910).

Todavia, sua raiz é o conceito de rendimento decrescente que David Ricardo formula dentro da economia clássica, no contraponto com a teoria da renda fundiária de Thomas Robert Malthus (1766-1834), e chega aos neoclássicos como teoria do valor utilidade marginal.

Por utilidade, a doutrina neoclássica entende o grau de satisfação que dado bem ou serviço proporciona ao seu consumidor e, por utilidade marginal, o grau limite (margem) dessa satisfação. É este limite que leva à maximização da utilidade e referencia o valor, que a teoria neoclássica denomina valor utilidade marginal, determinando o preço geral dos bens e serviços.

Ao romper com a teoria do valor trabalho dos clássicos, os neoclássicos erigem, assim, uma concepção completamente divergente e, em pontos essenciais, até oposta à concepção ricardiana. Há, na verdade, uma sequência de rupturas. Uma primeira se dá com a substituição da abordagem macro (relações das contas nacionais) pela abordagem micro (relações de mercado das empresas), deslocando-a do conjunto do sistema para o nível individual da empresa, daí ver o fator capital e a empresa como sinônimos. Uma segunda se dá no abandono da análise clássica que partia da esfera da produção para chegar às explicações das relações da esfera da circulação, explicando uma em função da outra, para restringi-la ao mundo único das relações de troca. Uma terceira vem na forma da substituição do homem como sujeito social da história pela figura da subjetividade psicológica, proclamando a soberania do consumidor. Uma quarta exprime-se na ideia de que as determinações da economia partem de condições já dadas no mercado. Uma quinta relaciona-se à consideração de que a função produtiva vem da reunião dos fatores terra e trabalho pelo capital-empresa. E, por fim, uma sexta ocorre com o entendimento de que da maximização das satisfações resulta a harmonização mercantil da sociedade.

Estamos, portanto, longe do pensamento clássico de Smith e Ricardo, embora a doutrina neoclássica parta deste último. Mas o que em Ricardo é um aspecto – ainda que essencial – da teoria do salário, do lucro e da renda, da acumulação capitalista em suma, com os neoclássicos adquire o caráter de essência mesma do fato econômico.

Na teoria neoclássica, os sujeitos são indivíduos genéricos, definidos como consumidores e produtores que se movem ao redor da maximização das satisfações (utilidade marginal). Reside nesta concepção do movimento da história a diferença radical da teoria clássica com a neoclássica, visto que para os clássicos o processo econômico é uma relação tripartite entre a classes dos capitalistas, a classe dos trabalhadores e a classe dos proprietários fundiários. Uma relação de contradição que se resolve na produção do excedente e sua desigual repartição no lucro do capitalista, no salário do trabalhador e na renda do proprietário fundiário, esta última atuando como pesado fardo para capitalistas e trabalhadores ao determinar em concomitância tanto o valor dos salários quanto o valor do lucro. Na teoria neoclássica, tal historicidade das relações econômicas praticamente desaparece, dando lugar à naturalidade do já dado no mercado. E com a naturalidade da história desaparecem os sujeitos, como seres sociais e contraditórios.

Para a teoria neoclássica, todos os indivíduos no fundo são proprietários de capital. Terra, capital e trabalho são tipos de capital, que diferem em sua forma: o capital natural, o capital propriamente dito e o capital pessoal, respectivamente. A atividade econômica consiste em os indivíduos capitalistas oferecerem os serviços de seus respectivos capitais, formando o mercado dos fatores, que, no âmbito das empresas, produzem os bens levados ao mercado, remunerando-se os fatores. A concorrência, pautada na utilidade marginal, determina os preços e o seu estado geral de equilíbrio. Gera-se, assim, uma relação capital-rendimento que reparte a riqueza social entre os fatores, em função dos respectivos rendimentos do capital: a renda ao fator terra, o lucro ao fator capital e o salário ao fator trabalho. Uma relação que faz da economia um movimento de consumidores e produtores e da sociedade um mundo de harmonia mercantil.

São estes parâmetros que se traduzem nas "leis" espaciais com as quais a geografia da indústria opera seu entendimento. E, por intermédio das interações espaciais promovidas pela racionalidade industrial, organiza o espaço a partir da divisão territorial do trabalho.

PARA ONDE VAI O PENSAMENTO GEOGRÁFICO?

Deste modo, são os parâmetros que, dado o caráter dinâmico da indústria na formação do espaço moderno, a geografia industrial empresta às demais geografias humanas sistemáticas, formando o núcleo racional do estudo da organização da agricultura e do papel articulador do setor terciário, legitimando a teoria da relação da cidade com o campo e toda a hierarquia de regiões e cidades contida na teoria da região polarizada.

A reformulação keynesiana

A teoria neoclássica é filha da *Belle Époque*, a sociedade burguesa triunfante da virada dos séculos XIX-XX. A eclosão da guerra e a revolução socialista russa de 1917 abalam a ordem burguesa, rachando os alicerces da noção neoclássica do mercado perfeito. E o arsenal teórico da doutrina neoclássica não explica e não dá saída prática para questões candentes como o desemprego em massa, a inflação galopante, a queda generalizada do crescimento, a depressão, a crise que então se alastra.

Já de algum tempo vinha o pensamento neoclássico sofrendo reformulações de parte dos seus próprios críticos e seguidores (Wicksel, Böhm-Bawerk, Pigou, Pareto, Schumpeter). No entreguerras, estas críticas crescem, até chegarem à completa reformulação do arcabouço neoclássico pelo economista inglês John Mainard Keynes (1883-1946).

A reformulação keynesiana se dá, sobretudo, quanto à tese neoclássica da capacidade do mercado por si só equilibrar o sistema econômico como um todo. Para Keynes, as regras do mercado necessitam se apoiar em forças externas a fim de estabelecer o funcionamento dinâmico do sistema econômico pelo pleno emprego dos recursos. Advoga, então, a intervenção do Estado e sua transformação em *welfare state* (o Estado do bem-estar social).

O cerne teórico do keynesianismo é a presença do Estado na tessitura do pleno emprego mediante a criação das condições da demanda efetiva. Keynes não propõe a abolição e substituição das regras do mercado pela intervenção estatal. Antes, não vê contradição nessa relação mercado-Estado que preconiza, muito menos qualquer abandono dos preceitos do liberalismo. Coloca o Estado no anteparo das ações do mercado, corrigindo suas distorções e mesmo criando e revitalizando o mercado onde isto se mostre necessário. E é isto, no fundo, a teoria do pleno emprego, a força máxima que o Estado pode imprimir à economia do mercado.

Para que o pleno emprego ocorra é necessário que se compatibilize poupança e investimento, uma vez que deve entender-se por poupança aquilo que se deixou de gastar com consumo para injetar-se na economia como

A ECONOMIA DO ESPAÇO-MUNDO-DA-MERCADORIA

investimento. O Estado deve estimular esta relação poupança-investimento, ele mesmo poupando e realizando investimentos nos pontos do sistema econômico que provoquem o pleno emprego geral. E o motor do pleno emprego é o conjunto das políticas públicas capazes de imprimir um desenvolvimento geral e equilibrado da economia de cada país, impossível de acontecer sem a infraestrutura que por meio dessas políticas públicas é imprimida pelo Estado.

São as ideias keynesianas as que se mundializam a partir dos anos 1940-1950, multiplicando-se sob diferentes formulações: a teoria dos setores, do economista australiano Colin Clark; a teoria da civilização industrial, do economista e sociólogo francês Jean Fourastié; a teoria dos polos de crescimento, do economista francês François Perroux; a teoria do planejamento estatal, a teoria do *welfare state* e, por fim, a teoria do subdesenvolvimento.

Se a geografia econômica tira a teoria do *minimax* da economia neoclássica, a teoria do subdesenvolvimento vem claramente da economia keynesiana. A teoria keynesiana da intervenção do Estado por meio do planejamento econômico, via políticas públicas, tem sua maior expressão justamente nos países recém-libertos da dominação colonial a partir dos anos 1940-1950. Aqui, a ação do Estado é vital. O fraco índice da industrialização traduz-se na precariedade da infraestrutura e do dinamismo mercantil, e cabe ao Estado empreendê-las, uma vez que o problema do subdesenvolvimento é mais o de como desenvolver uma economia industrial de mercado que o de como organizar o fluxo das trocas pelas regras livres do mercado.

O fato é que nestes novos países as regras do mercado são mais que insuficientes para resolver os problemas do crescimento econômico com pleno emprego dos recursos. E a intervenção do investimento público mediante a criação da infraestrutura requerida pela industrialização é o único caminho capaz de levar esses países na senda do que os tire do estado do subdesenvolvimento. Nasce, assim, a teoria do subdesenvolvimento, que mostrará extraordinária força ideológica nos chamados países do terceiro mundo de 1950 a 1980 – a ponto de nas décadas de 1950-1960 neles se tornar a própria ideologia do Estado (o nacional-desenvolvimentismo no Brasil) –, e de que geógrafos como Yves Lacoste mostrar-se-ão os grandes teorizadores.

A BUSCA DE UMA GEOGRAFIA DA CIVILIZAÇÃO SEM A ESTRUTURA N-H-E

As críticas que se multiplicam nos três campos da geografia do N-H-E no correr dos anos 1970 – e de que a renovação da geografia brasileira é um capítulo (Silva, 1983; Moreira, 2000) – anunciam o que a partir dos anos 1980 se batiza como a crise geral dos paradigmas, de que a razão fragmentária é o centro.

Não se trata da primeira vez que a necessidade de recolocar-se o patamar clássico da geografia na mesa da reflexão acontece na história da geografia moderna. O próprio modelo do N-H-E é em si parte da tentativa malograda ocorrida quando da criação da geografia da civilização no final do século XIX.

Tratava-se, então, de rearrumar a geografia fragmentada pelo paradigma do positivismo, buscando-se cumprir duas exigências: por um lado, de reunir a fragmentação numa geografia de síntese – nasce aí o conceito moderno de geografia como ciência de síntese ou charneira entre a geografia humana e a geografia física –, referenciada num retorno neokantiano ao parâmetro reitteriano e humboldtiano; por outro lado, de tomar a relação entre o homem e a natureza como parâmetro, referenciado no conceito de civilização.

Há uma fragilidade, porém, nesse projeto, e ela vem da visão pouco clara do homem que está em relação com a natureza e por meio da qual produz a cultura que dá argamassa às civilizações.

Este problema foi à época traduzido como o encontro da categoria teórica que atuasse como nexo estruturante da relação. Daí que não se consiga avançar numa forma de compreensão rigorosa da realidade do mundo

PARA ONDE VAI O PENSAMENTO GEOGRÁFICO?

e só reste à geografia da virada do século XIX-XX continuar garimpando nessa direção.

Novamente, agora diante da própria crise do modelo da segunda fase da história da geografia moderna, os esforços se voltam para este sentido.

O homem atópico e a externalidade da natureza, da sociedade e do espaço

O problema do conceito do homem segue sendo ainda a origem do grande impasse. Comecemos o balanço da crítica do modelo N-H-E por este tema.

O homem atópico

É o homem atópico – não localizado seja na natureza, seja na sociedade – a essência do problema. Quando se busca refletir sobre a relação homem-meio ou homem-espaço, partindo do pressuposto de "partes" que em dado momento entram em interação e passam a então travar uma relação dialética de reciprocidade de influência evolutiva, esta atopia transparece em toda sua consequência. Nem a relação com o meio se faz e nem a relação com o espaço, faltando a evidência do elo explícito que vincula o homem à natureza e/ou ao espaço, portanto a um conjunto como um todo estruturado, de vez que o homem está fora da natureza e fora do espaço, não sendo natural e nem espacial do ponto de vista da internalidade em um e outro. Daí ficar também fora da sociedade, já que fora de qualquer parâmetro concreto – a natureza, o espaço e o tempo – da história.

Eis por que o todo aparece como um conjunto de entes individuais, que a geografia só consegue juntar por agrupamentos de semelhança, a partir de referências comuns nem sempre claras. E analisá-los apenas quando evidenciem uma relação matemática. É assim que se chega à noção dos fenômenos naturais, fenômenos humanos e fenômenos econômicos, o homem aparecendo como o elo entre a natureza e a economia, mas que se costura como uma estrutura N-H-E.

Pode-se entender então que é o homem que está em relação com a paisagem, o meio e o espaço em cada uma das concepções históricas da geografia. A relação, contudo, tem um caráter impreciso, afinal ele mesmo é um ente impreciso: está, não é. É ele quem se move, mas quem aparece movendo-se nas descrições é sempre a paisagem, o meio ou o espaço.

Indeterminado, está e não está na natureza e está e não está na sociedade. É um homem atópico. É um ser presente-ausente, um ser que está, mas

|118|

não consegue ser. Está em relação com a paisagem, o meio e o espaço, mas paradoxalmente não é nenhum deles. Não é paisagem, não é meio e não é espaço, assim como não é natureza e não é sociedade. Está em cada quadro, mas embutido, não é. Isto porque paisagem, meio, espaço, natureza, sociedade e homem relacionam-se em recíprocas relações de fora.

De modo que em sua observação atenta o geógrafo quando muito vê o homem como um homem *diante de*. Isto é, ora diante da paisagem, ora diante do meio, ora diante do espaço, mas nunca como paisagem, como meio ou como espaço.

Indiviso, impreciso e vago no seu rosto, há assim um homem que remete sempre à ideia da ação, que a geografia entretanto não consegue definir em sua condição de ser ou de sujeito. Embora, curiosamente, possa acompanhá-lo e mesmo determiná-lo em sua movimentação.

Por isto aparece ele sob um mimetismo estranho e multifacético: é o homem-fator-antrópico, que degrada a natureza com suas atitudes irracionais de destruição; o homem-estatístico e consumidor incontinente de recursos escassos e esgotáveis; e o *homo economicus*, que transforma a natureza em produtos por meio das suas atividades. Um homem que está, porém não é no mundo. É atópico, pois não está na natureza e não está na sociedade, estando ao mesmo tempo onipresente do ponto de vista físico em todos os ramos da geografia.

Os problemas: a definição, a episteme e o método

Um conjunto de problemas daí advém e então se acumula: o da definição do que é a geografia (problema da definição), de quais são os seus princípios e conceitos fundantes (problema da episteme) e do modo próprio como explica e estabelece sua forma de intervenção no mundo (problema do método).

O problema da definição

A geografia já foi definida como o estudo descritivo da paisagem, o estudo da relação homem-meio e o estudo da organização do espaço pelo homem. Apresentada como a ciência que vê o mundo na sintetização da sua globalidade, e que forma essa síntese tomando como nexo estruturante ora a paisagem, ora o meio ambiente e ora o espaço.

Na fase do positivismo, cada uma dessas referências de definição vira uma fase da história da geografia, da forma mais simples do começo à mais desenvolvida de depois, cada fase expressa num objeto: aqui a paisagem, ali a relação homem-meio e acolá a organização espacial das sociedades. Cada um

PARA ONDE VAI O PENSAMENTO GEOGRÁFICO?

desses objetos é tomado como a marca de um período distinto da história do pensamento geográfico, indo da fase pré-científica à fase científica. Há, assim, a fase da ciência da descrição da paisagem, marcando seu período histórico inicial; a fase da ciência da relação homem-meio, característica de um período intermediário; e a fase da ciência da organização espacial das sociedades, do período recente.

A primeira fase é a da geografia vista como ciência da descrição da paisagem. É sob esta forma que aparece entre os gregos, e assim permanece até o meado do século XIX. Tomando a paisagem como o real, o que elimina qualquer necessidade conceitual, o geógrafo arrola seus componentes numa lista extensa, compara cada elemento por meio de semelhanças e diferenças, até chegar à formação de grupos de identidade. Então, faz a inventariação da paisagem, discriminando-a a partir do relato dos aspectos essenciais de cada um dos grandes planos de classificação. É a fase em que o geógrafo não procura dar explicações aos fenômenos que descreve, apenas inventaria, limitando-se a coletar e classificar dados dos modos de vida dos diferentes povos em seus respectivos ambientes de paisagem, com o intuito de orientar viajantes e comerciantes e auxiliar a tarefa da administração dos Estados. Vimos que é essa forma de geografia que chega a Forster e Kant na segunda metade do século XVIII, quando, acompanhando o nascimento da ciência moderna, ganha com eles um sentido de análise e não só de pura descrição. A descrição geográfica aufere um maior rigor de método com Forster e uma base estrutural de realização mais definida a partir do conceito do espaço com Kant, até que, na primeira metade do século XIX, adquire um sentido de procedimento mais analítico com o método comparativo e o olhar holista de Humboldt e Ritter.

Segue-lhe, a partir do final do século XIX, a fase da definição da geografia como ciência que estuda a relação do homem com o meio, a geografia da civilização, quando a atenção do geógrafo se desloca do plano da paisagem para o plano processual da relação ambiental do homem. A referência nas coisas é substituída pela referência nas relações, a descrição da paisagem mantendo-se com o recurso do método por excelência, só que agora com o propósito de levar ao conhecimento da relação do homem com o meio. Dois acontecimentos do período estão na origem dessa mudança de rumo: a demanda da relação colonial da indústria e o nascimento da biologia darwinista. Por isto, não basta agora apenas inventariar. É preciso conhecer os valores e comportamentos das comunidades que povoam os territoriais coloniais, o que supõe o conhecimento de suas culturas e formas históricas de relação com o meio geográfico respectivo, de modo a extrair desse conhecimento

|120|

A BUSCA DE UMA GEOGRAFIA DA CIVILIZAÇÃO SEM A ESTRUTURA N-H-E

formas mais objetivas de intervenção. É a fase centrada no tema que o historiador Lucien Febvre equivocadamente chama de oposição possibilismo *versus* determinismo, embora detectando o sentido de estudar as formas da civilização humana em sua relação com o lugar. Uma visão equivocada, mas dotada do valor de clarificar com que questões a geografia se identifica neste momento. A extrema fragmentação e a visão basicamente inorgânica da natureza que a geografia encarna nesse momento impedem e bloqueiam o projeto.

A terceira e última fase é a da geografia entendida como a ciência que estuda a organização da sociedade pelo espaço. A fonte também é o desenvolvimento da indústria, contudo aqui em vista da sua mobilidade e presença ubíqua no mundo. Daí, a necessidade do conhecimento das determinantes de uma rigorosa localização do estabelecimento industrial no espaço do ponto de vista da racionalidade da economia do mercado, isto é, orientada no parâmetro do *minimax*, de que a geografia quantitativa e a economia política marxista do espaço (a "geografia crítica") são os reversos da medalha – a face afirmadora e a face crítica, respectivamente. O foco é deslocado agora para a relação do espaço com a economia e a sociedade humana, por intermédio das necessidades da racionalidade locacional das indústrias e das atividades econômicas a elas relacionadas. Por isto, suas teorizações surgem, em sua maioria, no âmbito da ciência econômica – com a teoria dos anéis agrários, de Von Thünen, de 1826; a teoria da localização da indústria, de Alfred Weber, de 1909; a teoria da estrutura interna da cidade, de Park e Burgess, de 1920; a teoria dos lugares centrais, de Walter Christaller, de 1933; a teoria da difusão de inovações, de Hägerstrand, de 1953; e a teoria dos polos de crescimento, de François Perroux, de 1961 (Christaller e Hägerstrand são geógrafos, Park e Burgess, sociólogos, e os demais, economistas) –, daí se transferindo para a geografia, em que vão combinar-se às teorias regionais de La Blache e Hettner. Seu auge é a década de 1970. Todavia ocorre também a fase de declínio, com a crítica e o surgimento de uma teoria social (marxista) do espaço que dá à dimensão espacial um sentido de organização necessária das sociedades na história, o espaço aparecendo como uma das suas principais determinantes estruturais. Um enfoque que leva o geógrafo de volta à problemática da geografia das civilizações e que as geografias subjetivistas e a de cunho ambiental prosseguem, sob outras formas.

O problema da episteme

Cada uma dessas definições padece do mesmo problema do nexo estruturante: a paisagem, a relação homem-meio e o espaço são na verdade planos da descrição e não de categorias analíticas. E visam a legitimar uma forma de

PARA ONDE VAI O PENSAMENTO GEOGRÁFICO?

leitura da história do pensamento geográfico. Um problema de natureza epistemológica, que tem origem no problema relacional do homem.

Tanto na definição da geografia como o estudo da relação homem-meio quanto na que a toma como o estudo da organização espacial da sociedade, e mesmo na sua definição como ciência da descrição da paisagem, supõe-se a presença de uma relação – presença que é diretamente referida tanto na definição do estudo ambiental quanto na definição do espacial. Entretanto, a conexão estrutural do todo nunca se faz, já que esbarra na falta de clareza do sujeito da relação.

Lidando com o homem em sua relação com a paisagem, o meio e o espaço, falta à geografia um conceito de homem que organize e ilumine o discurso da relação. Há, assim, uma dificuldade intrínseca, epistemológica, que emerge do problema seminal de um conceito de interioridade do homem: interioridade da paisagem, interioridade do meio e interioridade do espaço.

Desde a sua sistematização moderna por Kant, no período seminal do século XVIII, por Humboldt e Ritter, no período matricial do século XIX, e por Ratzel-La Blache-Hettner, já na virada dos séculos XIX-XX, o conceito da geografia gira ao redor do problema de ver o todo do mundo do homem, e, então, do homem no mundo e do mundo como mundo do homem. Daí, o problema: qual conceito cujo uso leva a geografia ao todo. Vimos que não o foram suficientes a paisagem, o meio e o espaço.

O apelo à descrição parece inicialmente resolver o problema. Chegar à relação do todo é proceder à sua taxonomia. O processo começa na separação e descrição da parte. A comparação leva à formação dos grupos de classificação. E da ordenação dos grupos chega-se, por fim, à abrangência do todo.

A descrição, todavia, significa o concurso, como discurso em separado, de campos de conhecimento dotados de objetos próprios. Em consequência, cada "parte" legitima e dá origem a uma ciência ou ramo de uma ciência sistemática específica dentro do corpo do todo, multiplicando-se as subdivisões na geografia. Numa compreensão no mínimo curiosa de conhecimento do todo, considera-se nesse método que é através das subdivisões que se chega ao todo, alavancado no emprego da paisagem, do meio ou do espaço como categorias geográficas de intermediação entre a natureza e a sociedade. Originando a conhecida definição da geografia como a *charneira* entre as ciências da natureza e as ciências do homem.

O emprego da descrição como nexo estruturante confunde, entretanto, o sistema e o todo, e edifica, assim, uma colcha de retalhos. Consagra o mundo como um conjunto de entes-coisas, que interagem por relações de externalidade.

|122|

Daí que se reafirme o naturalismo mecanicista em que a natureza e o espaço são externos ao homem por uma decorrência de o homem estar fora da natureza e do espaço, situados e assim confrontados numa relação de estranhamento.

O mundo como ser-estar permanece ausente do olhar do geógrafo.

O problema do método

Resta o impasse da explicação.

Centrada em descrições, não em conceitos, tem sido esta característica o pecado e a virtude desse saber tão antigo, encarado como talvez o único caso de saber que não conheceu a ruptura epistemológica da fase da representação clássica para a da representação moderna, tal como no meado do século XVIII ocorreu para a história natural, a economia e a gramática, dando na biologia, na economia e na filologia, segundo Foucault (1985 e 1986). Donde seu caráter descritivo e a sensação de um saber que é um amontoado "caótico" de um todo como discurso.

Do seu problema epistêmico deriva seu problema e características de método:

Uma ciência de tudo, mas sem conteúdo – Necessidades, recursos, espaço, organização, planejamento, homem, população, trabalho, meio, relação, tais são categorias que povoam como cacos o discurso geográfico. Falta-lhes a clareza do elo conceitual.

São categorias teóricas que se movem, todavia parecem não compor um sistema contextual. Cada categoria desaparece no decorrer da explicação do mesmo modo inexplicável como aparece, movendo-se sem uma aparente linha lógica de condução processual. Em momento algum avançam rumo a um nexo estruturante. Antes, flutuam no âmbito do texto, sem perfil e linha de fronteira que demarquem e elucidem um pensamento.

Não deixa de ser incômodo constatar serem a vagueza e a opacidade as marcas registradas desse discurso de popularidade tão secular e que desde longo tempo vem sendo um dos pilares da formação da concepção de vida, de sociedade e de mundo de gerações a fio. Mas o fato é que opera ele sem o rigor conceitual necessário a uma ciência, o seu conjunto tendendo a ser uma frouxa reunião de cacos numa totalidade feita aqui na dependência da maior habilidade e ali da inteligência de cada geógrafo.

Aparentemente, tal vagueza de conteúdo some diante da certeza que se tem de a geografia ser uma ciência de síntese. E que possui como real a totalidade. Como o objeto que constitui a base da construção da totalidade sintética é ora a relação homem-meio e ora a organização espacial, é forçoso

PARA ONDE VAI O PENSAMENTO GEOGRÁFICO?

concluir-se que a geografia abrange tudo o que é imaginável e inimaginável, de vez que nada existe neste mundo que não se situe no âmbito de uma relação homem-meio ou que possa estar fora de uma organização do espaço. Entretanto, curiosamente, é o próprio discurso geográfico que classifica o mundo em geográfico e não geográfico.

É possível avaliar as consequências.

Uma primeira é a equivocada ramificação doméstica da ciência geográfica com o seu corolário taxonômico. A geografia é dividida e subdividida num tal grau de fragmentação, que Lacoste – talvez o grande crítico da geografia do N-H-E – assemelhou seu discurso mais a um armário repleto de gavetas estanques que a uma teoria sobre algo real (Lacoste, 1974 e 1988). E os livros de síntese do todo do mundo semelhante a um catálogo, tão enciclopédico é o seu arrolamento dos fenômenos, arrumando sua diversidade real como se fosse um grande e completíssimo almanaque.

Uma segunda consequência é a geografia ter se tornado um campo elástico (dentro dela cabe literalmente tudo) e eclético (é uma mistura de todas as ciências). Isto, com a peculiaridade irônica de que restringe seletivamente o mundo ao dividi-lo em o que nele é e o que não é geográfico, listando como não geográfico justamente as categorias que identificam o homem como o sujeito.

Uma imagem fotográfica, mas opaca – Os clássicos definiam a geografia como uma ciência terra a aterra, querendo justificar a despreocupação com o conceito, já que para uma ciência descritiva do mundo o tema do conceito não pareceria em princípio um problema. Afinal, a paisagem se vê.

É conhecida a observação de George de que a geografia é uma ciência do visível e não do invisível (George, 1978).

Talvez por isto escapem à geografia o brilho e a plasticidade da paisagem que retrata. Em geral, os textos descrevem a paisagem como um arranjo inconsistente, opaco, frouxo, sem fogo. Uma pintura que mais lembra o desenho seco do mapa.

Mesmo quando se é um grande retratista (e há excelentes descrições de paisagens nos clássicos), o geógrafo pouco se dá conta de que com o mapa e o texto se traça uma tela do mundo, e mesmo quando a tela atinge (e em muitos geógrafos atinge) a nitidez de uma pintura realista, o encantamento mágico de um quadro impressionista ou o fascínio sedutor de um quadro surrealista, sua tarefa é a compreensão do mundo. Se entre um mapa e uma tela realista há o fato comum da representação fotográfica – uma vez que o quadro realista tem o paladar saboroso da inventividade intelectual e o texto e o mapa, o poder da representação da fala e da imagem como reprodução do visível –, a elucidação do invisível é sua tarefa. E isto não é gratuito. No mapa, a representação exprime o jogo cambiante das disputas da história. Dando origem ao caráter distintivo do texto e do mapa geográficos, seu risco de virar um mero filtro (de deixar passar do real para o papel o que politicamente interessa) e seu distanciamento da obra de arte plástica, embora se espere que ambos, a tela e o texto/mapa, abram a imaginação dos homens para a livre reflexão sobre a consciência da vida humana. Daí, a crise da cartografia clássica, na qual o mapa, dissociado da arte para ser uma estética do controle – talvez por isso na geografia o homem está e na arte o homem é –, é elaborado com os requintes da técnica pictórica, mas manipulando símbolos que nada significam do real.

Uma ciência do real, mas cingida à aparência – O problema da geografia começa, justamente, nesse fato de ser concebida meramente como uma "ciência do que se vê". É que a opacidade do sensível, produzida pela ausência do pensamento, conduz à grave consequência gnoseológica de o conhecimento ficar reduzido a um discurso do imediato (a paisagem), sem poder transitar pelas mediações que se colocam entre a aparência e a essência.

Ciência sem mediações (é possível?), excetuando a relação matemática, e, portanto, incapaz de mover-se pelo interior do espesso tecido que se alonga entre a paisagem e aquilo de que ela é forma de aparecimento, de circular num deslocamento de idas e vindas entre um extremo e outro do movimento da consciência, mesmo que apenas entre a sensibilidade e o entendimento, a geografia funde-se no nível único, epidérmico e horizontal da aparência dos fenômenos.

É este ato de se fixar no nível único da horizontalidade do visível que nos leva a indagar o que a geografia pode fazer senão descrever. Mais ainda. Movendo-se no plano visível dos fenômenos, fica bloqueada em seu mergulho ao concreto.

Uma ciência de relação, mas sob o primado das coisas – Nada mais embaraçoso, portanto, que ver que, para chegar à síntese da totalidade na geografia, a matemática faz o lugar do conceito estruturante: a lei da gravidade, na geografia física; a lei da população, na geografia humana; a lei do mercado, na geografia econômica.

Sendo uma ciência que parte da paisagem (sempre confundida com o espaço), no que está metodologicamente correta, é dela que o discurso geográfico retira todo o seu corpo de ideias. Mas o que vemos na paisagem é uma diversidade de coisas singulares, como é própria da senso-percepção, aí aparecendo como entes distintos e singulares tanto o corpo do homem quanto os corpos físicos. É

PARA ONDE VAI O PENSAMENTO GEOGRÁFICO?

pela interligação desses entes, seguindo um caminho comandado pela reflexão intelectual, via o conceito, que a ciência chega à síntese totalizante Todavia não é este o caminho do método histórico da geografia, e sim o de ver a interação pelo recurso das relações matemáticas. Sucede que a matemática é um instrumento rigoroso da descrição, não da explicação. Em consequência, são as coisas que fazem as relações e não as relações às coisas. A taxonomia, a matemática, a descrição como método mergulham a geografia no empirismo, levando-a apenas a conceber a paisagem como uma coleção de coisas.

Uma intenção explicativa, mas presa à dependência das ciências da fronteira – A fragilidade discursiva não lhe permite dar conta de que a paisagem é uma relação epidérmica do real, o seu modo de aparecimento, e que assim serve apenas como ponto de partida para a projeção do conhecimento da realidade na sua direção mais profunda. É da paisagem que se pode chegar à explicitação da totalidade seja sob a forma da relação ambiental, seja da relação de organização espacial.

Pelo fato de que o método da geografia consiste em tomar os fenômenos como partes separadas, que pela descrição das ligações matemáticas depois se juntam na relação de um todo, o conceito de síntese também é de natureza descritiva. Assim, após dividir-se em física e humana, e cada uma delas por sua vez em outras tantas ramificações, cujo limite é o imprevisível, buscar a síntese num ponto de referência (a epistemologia aponta o conceito e a ontologia o sentido do ser) parece o natural desdobramento. Entretanto, diante de uma tal atomização, a geografia terá de pedir a teoria de empréstimo no arsenal das ciências vizinhas das quais saíram, por relações de fronteira, as suas frações sistemáticas, cada fração indo à sua fonte mãe. Assim, a geomorfologia recorre à explicação geológica, a climatologia à explicação meteorológica, a biogeografia à explicação biológica, a geografia urbana à explicação sociológica, a geografia agrária à explicação agronômica, a geografia da indústria à explicação econômica.

Uma ciência com problemas, mas sem questões – Por isso que, se esquadrinharmos a história do pensamento geográfico com o fim de avaliar os momentos em que o seu discurso de mundo encontrou-se com os problemas que se possam chamar questões geográficas para os homens em suas relações com o mundo vivido, somente dois temas irão aparecer: o ambientalismo e o regionalismo. Todavia, mesmo aí não logra fazer a sociedade vê-los como temas da geografia.

A primeira destas questões, antiga na literatura, tornou-se um tema com formulação geográfica no meado do século XIX, quando a indústria muda o sentido da intervenção colonial, levando a exploração dos recursos naturais para

A BUSCA DE UMA GEOGRAFIA DA CIVILIZAÇÃO SEM A ESTRUTURA N-H-E

além da agropecuária e a geografia a enveredar no estudo da relação homem-meio. Há um contraponto de determinações entre um e outro, que a geografia responderá de múltiplas formas, e que o historiador Lucien Febvre sistematizará na oposição possibilismo *versus* determinismo, imputando a La Blache a posição de possibilista e a Ratzel a de determinista, reduzindo e simplificando o tema. A segunda questão vem do plano geral da política para explicitar-se como questão no plano discursivo da geografia. A origem é a dificuldade de administrar um território politicamente atomizado, como era o da Alemanha do século XVIII, e que envolverá em debate a geografia político-estatística e a geografia pura, ambas ocupadas com a tarefa de definir rigorosos critérios de demarcação dos limites internos e externos do território nacional alemão (Sodré, 1976). Além da dificuldade de reconstrução da França pós-derrota do confronto franco-germânico de 1870, a reconstrução pedindo um maior conhecimento da diversidade do espaço francês, a que a geografia responderá com o tema lablacheano da personalidade e da identidade das partes e do todo nacional daquele país (Braudel, 1989).

Desde então, a temática das determinações das condições geográficas sobre a história e a sociedade ficou restrita a estas duas questões, presa em seu caminho da generalização mais ampla pela ausência da teoria que as universalizasse. De vez que foi isso o sucedido com o tema relacional do meio, trazido pelas necessidades gerais da economia industrial, e com o tema da relação regional, trazido pelas mãos do Estado, atuando como as pontes do vínculo do saber geográfico com os problemas reais.

A busca da superação unitária

Há, entretanto, uma consciência geral dos geógrafos quanto a esta dimensão epistemológica do problema teórico, muitos dos quais a tomaram como um tema de enfrentamento. São teóricos que buscam dentro da própria casa a categoria que reúna a diversidade do mundo sensível numa unidade geográfica. Muitas categorias estruturantes podem ser distinguidas nessa busca, rompendo e indo além da lista da tradição triádica da paisagem, do meio e do espaço; umas trilhando o caminho da epistemologia, outras o caminho da ontologia, mas havendo as que buscassem os dois trilhos: o recorte, a região, a geografia das plantas, o meio ambiente, o espaço vital, o gênero de vida, a forma-conteúdo, a situação, a geograficidade, a grafia, o lugar, o espaço, o território, a escala.

A noção do recorte é a primeira ideia de nexo estruturante a aparecer na geografia moderna, extraída da sua tradição corográfica. E que ganhará ainda com Kant a conotação conceitual da região.

|127|

PARA ONDE VAI O PENSAMENTO GEOGRÁFICO?

O recorte se qualifica na região e a região surge assim como o recorte espacial que interage com o todo do espaço, possibilitando a generalização. Em Ritter, este caráter mais metodológico que conceitual será tomado como a própria essência da ação geográfica, dando origem à geografia comparada. O método comparado de Ritter consiste em confrontar-se diferentes recortes em suas semelhanças e diferenças, de modo a evidenciar-se a individualidade espacial desse recorte dentro do todo – o todo aparecendo como a unidade de todos os recortes que formam a superfície terrestre.

A tradição ritteriana tem seguimento em Hettner e La Blache, segundo duas leituras diferenciadas. A noção do recorte como a parte e o espaço como o todo, que Ritter extrai de Kant, será mantida em Hettner no seu conceito da superfície terrestre como uma diferenciação de áreas, que os intérpretes traduzirão por região, e será substituída pela noção da região como o próprio todo em La Blache. Todavia, em Hettner, a individualidade dá lugar à diferença como processo de diferenciação e, em La Blache, à identidade e personalidade do pedaço – em ambos a categoria ritteriana da individualidade e o método da comparação desaparecendo como ontologia e método, respectivamente. Por isso, o caráter de método originário desaparece, para dar lugar a um caráter mais sistemático, a região vindo a centrar a própria definição do conceito da geografia. Em Hettner, a geografia se torna a ciência que estuda a diferenciação de áreas da superfície terrestre. Em La Blache, a geografia se transforma numa geografia regional (estruturada num método regional, a região vira o conteúdo temático e o método da geografia).

Distinguem-se, pois, a geografia regional de La Blache e a geografia da diferenciação de áreas de Hettner. Na perspectiva lablacheana, a conexão regional é um dado para dentro. A sequência das descrições e inscrições dos elos vai não só formando a síntese da totalidade dos fenômenos e seus componentes, como decidindo da referência do marco dos limites que vão recortar a região no todo da superfície terrestre e garantir-lhe seu caso único de identidade. Lacoste condenou-a como um "poderoso conceito obstáculo" (Lacoste, 1974 e 1988). Na perspectiva hettneriana, a conexão vem do movimento de diferenciação de um dado todo em recortes (o clima terrestre em seu movimento de variação na superfície terrestre), a sequência das descrições e elos servindo para flagrar o movimento em sua diferenciação na superfície, em busca da sua diversificação paisagística (a região-paisagem dos alemães).

Em ambos La Blache e Hettner, o recorte regional passa a ser aplicado por grande parte dos geógrafos como nexo estruturante em todo o correr desse tempo, mais ou menos mantendo o *modus operandi* do método de comparação

|128|

de Ritter. Mas as categorias da semelhança e da diferença, que Ritter remete à diversidade dos fenômenos – tanto físicos quanto humanos – da superfície terrestre, passam a ser compreendidas para ambos em seu sentido empírico imediato, de modo que os geógrafos continuam a lidar com a comparação dos fenômenos, porém em vista de harmonizar o método comparativo de Ritter e o método da descrição estruturante da geografia fragmentária, que o substitui a partir da segunda metade do século XIX. E, assim, a região passa a ser uma espécie de taxonomia e leitura regional combinadas como método na geografia, a região sendo tomada ao mesmo tempo como um grupo de classificação e uma categoria estruturante. Esclareçamos.

Os aspectos da paisagem são comparados por campos temáticos, segundo o âmbito da geografia sistemática que lhes corresponde, grupando-se por ordens de classificação, que passam a valer como um conceito e uma categoria de descrição nesse âmbito. Destarte, por exemplo, o geomorfólogo compara cada forma de modelado do relevo a partir de suas semelhanças e diferenças, grupando-os nos conceitos de planície, planalto e montanha, que ganham um valor descritivo e analítico daquelas formas daí para frente. A seguir, as comparações são realizadas no âmbito do recorte do espaço, tomando-se os conceitos taxonômicos das geografias sistemáticas como parâmetros de referência, unindo-se, seja pela descrição, seja pelos elos fornecidos pelas pesquisas das ciências vizinhas, em geral pela combinação de descrição e elos, a diversidade fenomênica investigada numa síntese global, dita síntese regional. O mesmo princípio de método se aplicando à região.

Foi essa a tentativa da geografia da civilização, substituindo a região pela civilização como conceito.

A solução do nexo estruturante seguiu um caminho diferente em Humboldt. A noção de síntese de Humboldt parte dos processos fotossintéticos que unem a diversidade dos fenômenos da superfície terrestre na síntese das formas de vida. Daí que a geografia das plantas seja seu elo estruturante. Humboldt estabelece, assim, uma combinação do recorte, da geografia comparada e da síntese biogeográfica como método e critério de construção da totalidade geográfica. A posição intermediária entre as esferas do inorgânico e a esfera humana faz da esfera do orgânico, visto como o campo dos recortes da geografia das plantas, o elo que interliga os fenômenos físicos e humanos por excelência, em Humboldt. Há, desse modo, uma incorporação de toda a geografia de origem ritteriana na sua perspectiva de teoria e de método, que faz da geografia humboldtiana a forma mais abrangente de discurso geográfico que se conhece.

PARA ONDE VAI O PENSAMENTO GEOGRÁFICO?

A solução totalizante de Humboldt ganha no presente uma grande importância. Humboldt é a referência de toda a moderna pesquisa ambiental. A moderna ecologia tem na *Geografia das plantas* e seu método holista de investigação geográfica uma base de referência, tudo levado na direção de uma ação interdisciplinar que vem revolucionando o pensamento científico desde a década de 1970.

A unificação dos espaços da superfície terrestre pela globalização das relações econômicas deste final de século é a origem dessa importância que Humboldt vem assumindo. A destruição dos ecossistemas naturais numa extensão cada vez mais planetária traz de volta, embora numa outra perspectiva, a preocupação com a relação ambiental que vigorou na segunda metade do século XIX, mas traz de volta também a preocupação com o espaço como superfície terrestre. O meio ambiente surge, assim, como a própria categoria estruturante. A síntese da vida por meio dos processos fotossintéticos, tomada como preocupação principal de conhecimento e preservação, recupera o caráter corológico da geografia dos séculos XVIII e XIX, contudo na perspectiva dos ecossistemas. A metodologia do recorte assim renasce, porém não mais vazada na região e no método comparado. Do método, interessa o mapeamento da biodiversidade e a sua visão ecossistêmica do recorte, visto no plano das suas interações na escala planetária. De forma que a noção do meio evolui, então, da relação empírica dos nichos diferenciados pela superfície terrestre para o sentido de um conceito de valor descritivo e analítico, instigando o surgimento de uma geografia ambiental ou que tenha a perspectiva ambiental como teoria, método e referência.

É diferente a solução encontrada por Ratzel. Seu conceito-chave é o espaço vital. Muito tem sido dito de inverídico quanto à noção e propósito de Ratzel com esse conceito (eu mesmo sirvo de exemplo em *O que é geografia*). Ratzel refere-se ao território, seus recursos necessários à reprodução da vida humana (daí o termo vital) e sua função de conferir sentido e unidade de nação a um povo, por intermédio da mediação do Estado entre o território e a sociedade. O tema e a preocupação de Ratzel direcionam-se para a constituição nacional da Alemanha e o papel essencial dos entes geográficos, em particular a cultura e o território, não intencionando teorizar a favor de um propósito imperialista, vitalista e dominador do Estado, embora suas teses tenham sido levadas posteriormente nesta direção, assim como se fez com as teses de Hegel, de Nietzsche e com a música de Wagner, e tantos outros.

A similitude do segundo La Blache com Ratzel reside no afã de ambos de criar uma geografia da civilização. Aqui, o conceito-chave é o gênero de vida. La Blache entende o gênero de vida como uma totalidade formada pela combinação do meio geográfico, da técnica (compreendida como meio técnico) e das formas

|130|

A BUSCA DE UMA GEOGRAFIA DA CIVILIZAÇÃO SEM A ESTRUTURA N–H–E

de regulação (Sorre, 2002). Os grupos humanos (La Blache opera com as categorias da sociologia funcionalista de Durkheim) entram em relação com o seu meio geográfico, de onde tiram a produção dos meios técnicos, que, assim, vêm e se mantêm numa relação de equilíbrio com esse meio geográfico, os homens convivendo dentro desse todo de meios (o grupo social, o meio geográfico e o meio técnico) na forma de um conjunto de preceitos, regras e normas dos convívios como esquema de regulação. Organizadas a partir dos gêneros de vida, as civilizações são, na prática, um complexo de gêneros e modos de vida.

É daí que (assim o entendemos) Milton Santos (1996) retirou seu conceito de meio técnico, do qual deriva o conceito de forma-conteúdo. A forma-conteúdo é o resultado do casamento da técnica com o espaço, ou do espaço como construção da técnica mediante a qual a técnica transfere seu conteúdo para o espaço, este aparecendo como uma forma que já é também um conteúdo, assim surgindo como uma forma-conteúdo. O todo espacial é, então, um sistema de objetos (as próprias formas-conteúdo) e ações (a capacidade do espaço viabilizar intervenções por intermédio do seu conteúdo técnico), formando uma totalidade. Donde se conclui que a sociedade ao se construir espacialmente já se organiza sobre a base de toda a cultura e tecnologia que lhe é contemporânea, hoje a sociedade se qualificando cultural e tecnicamente como um meio tecnocientífico e informacional.

George reúne muito dessas equações no seu conceito de situação. Situação trata-se de um modo de ver o espaço geográfico como um todo tensionado pela forma como os seus componentes se entrelaçam em suas interações, comportando-se uns como freios e outros como aceleradores do movimento. Escreve George:

> Uma situação é a resultante, num dado momento – que é, por definição, o momento presente em geografia – de um conjunto de ações que se contrariam, se moderam ou se reforçam e sofrem os efeitos de acelerações, de freios ou de inibição por parte dos elementos duráveis do meio e das sequelas das situações anteriores. Esta situação é fundamentalmente caracterizada pela totalidade dos dados e fatores específicos de uma porção do espaço que é, salvo nos casos-limites de margens inocupadas pelo homem, um espaço ordenado, uma herança, isto é, um espaço natural humanizado. (George, 1973, pp. 20-21)

Essa noção de espaço como tensão orienta o conceito de geograficidade. Aqui, a tensão é uma relação entre a identidade e a diferença cuja raiz é a tensão que se estabelece na própria raiz da produção do espaço, a partir da relação entre localização e distribuição geográfica dentro da constituição do

PARA ONDE VAI O PENSAMENTO GEOGRÁFICO?

espaço. Se o espaço é organizado com foco na localização, ele se organiza como uma estrutura de centralidade. Se é organizado com foco na distribuição, ele se organiza como uma estrutura de alteridade. O primeiro caso leva ao primado da identidade (identidade por referência ao centro) sobre a diferença. O segundo caso leva a uma coabitação espacial da identidade e da diferença, em que a alteridade é o que prevalece, sem tensões necessárias com a identidade (Moreira, 2001, 2004c e 2006b).

Uma outra equação recente é o conceito de grafia, na linha da filosofia da linguagem. A palavra emprestada às coisas significa o espaço como grafias. O signo passa a ser a coisa e a coisa passa a ser o signo, o processo geográfico se realizando como um movimento de significações, grafando o espaço. O espaço se expõe como uma grafia (Gonçalves, 2001).

Caminha-se também na direção de se reolhar o viés estruturante de categorias derivadas da tradição triádica. É o caso do lugar. O lugar surge como nexo estruturante junto ao espaço. Há o conceito de lugar de Santos (1996), entendido como a combinação da horizontalidade e da verticalidade dentro da rede das relações globais, configurando uma tensão entre os homens dos espaços rápidos (os informatizados) e os homens dos espaços lentos (os que chegam às informações não propriamente pelos meios viciados da rede da informação informatizada), contrastando pelo estado respectivo da consciência de mundo. E há o lugar de Tuan (s/d), configurado pelo espaço vivido e pela relação de pertencimento, lugar e espaço distinguindo-se justamente por esta relação.

O espaço reocupa seu papel nessa recriação da matriz triádica. O espaço é aqui concebido em sua relação processual com a sociedade no curso da qual o espaço cria a sociedade e a sociedade cria o espaço, o espaço e a sociedade aparecendo como produtos gêmeos no plano social da história. Um conceito que ganha força nos anos 1970, chegando à geografia por intermédio de Santos (1978).

O mesmo vem ocorrendo com o conceito de território. É a afirmação da ação espacial via seus recortes como um processo de política, a sociedade se organizando espacialmente por meio dos ordenamentos do seu território. Daí falar-se de conflitos de territorialidades, referindo-se ao modo como se espacializam e se difundem as tensões espaciais dos atores da sociedade globalizada (Haesbaert, 2004).

A escala, por fim, também ganha foros de nexo estruturante. Aqui a referência é por excelência o conceito de espacialidade diferencial, de Yves Lacoste (1988).

POLÍTICA, TÉCNICA, MEIO AMBIENTE E CULTURA: A REESTRUTURAÇÃO DO MUNDO MODERNO

Três parâmetros essenciais da organização geográfica do mundo moderno, ao lado dos paradigmas, esgotam suas formas históricas e entram em fase de redefinição – a reestruturação – a partir dos anos 1970: a política, a técnica (e seu correlato, o meio ambiente) e a cultura. Ratzel chamou a atenção para a presença da política, Sorre da técnica e La Blache da cultura, para só ficarmos nos clássicos da geografia da civilização, na constituição das formas de organização geográfica da sociedade em qualquer tempo.

Analisemos estas reestruturações.

A reestruturação da política e do Estado e a reforma neoliberal

O Estado keynesiano é a forma de Estado que se organiza a partir dos finais do século XIX. Esta forma de Estado é o fruto da convergência de três importantes acontecimentos: (1) a ação organizada dos trabalhadores urbanos na forma dos sindicatos e dos partidos políticos; (2) a passagem do capitalismo da fase competitiva para a fase dos monopólios; e (3) a crise da autorregulação mercantil.

Pode-se dizer que este cruzamento é que forma o quadro da política e das relações do Estado desde então, cuidando da montagem, de um lado, de uma infraestrutura social que contemple as necessidades e exigências da ação organizada dos trabalhadores urbanos, e, de outro, de uma infraestrutura espacial

PARA ONDE VAI O PENSAMENTO GEOGRÁFICO?

que contemple as necessidades do capital, como estradas, vias de comunicação, rede de transmissão de energia. São duas formas de infraestrutura balizadoras do papel e da função do Estado que agora passam a ser revistas.

A indústria generaliza este tipo de Estado por todos os países, crescendo e se consolidando em cada um deles junto com essa generalização, beneficiada pela implementação da infraestutura socioespacial que o Estado institui como norma de ação. E sobre esta base ela se torna um fenômeno de expressão mundial.

É quando então esta forma de Estado esgota sua função na história, iniciando-se a reforma que o esvaziará justamente dessas funções para as quais a internacionalização da indústria e das relações do mercado o chamará. É a reestruturação neoliberal.

A reforma neoliberal

Uma metáfora nos ajuda a aclarar essa lógica. Imaginemos um escultor com um cinzel na mão diante de um bloco informe de pedra sabão. Aos poucos, o escultor vai dando à pedra contornos definidos de um corpo: aqui aparecem os dedos das mãos, acolá as pernas e os pés, mais adiante os traços de um rosto, até que por fim aparece o corpo inteiro. O escultor é o Estado, o cinzel, os recursos retirados do público e investidos em infraestrutura e serviços sociais e o corpo é a sociedade capitalista industrial. Enquanto a indústria engatinhava a caminho da sua mundialização – rumo ao capitalismo avançado –, o empresariado exigiu esta metáfora como política. Mas por volta dos anos 1970, concluída para a maioria dos países esta fase histórica, tal empresariado sente que já pode andar por todo o mundo com suas próprias pernas e declara cumprido o papel e cessada a necessidade do *welfare state*; condena então o Estado interventor, exigindo a transferência para si das funções e do capital acumulado como patrimônio público nas mãos do Estado no correr desses anos.

Desta maneira, o Estado capitalista é reestruturado pelas reformas neoliberais. Condenando o que chama de gigantismo estéril do Estado do bem-estar social e acusando-o de descapitalizar e asfixiar a empresa privada, o neoliberalismo apresenta-se como o portador das medidas reparadoras do "equívoco keynesiano" da substituição do livre mercado pela regulação estatal. Não por acaso, a primeira medida que apresenta é a redução fiscal, tomada como a medida recapitalizadora e desasfixiante que devolverá às empresas a iniciativa e liberdade de criação, bloqueadas pela regulação estatal. E a segunda, complementar da primeira, é a despatrimonialização, a política de transferir em leilões pela bolsa de valores a empresa pública ao sistema privado. A terceira é a desregulamentação, que faz a economia, agora no essencial privatizada, retornar ao sistema da regulação mercantil.

|134|

POLÍTICA, TÉCNICA, MEIO AMBIENTE E CULTURA

Pode-se notar que o neoliberalismo chega com o objetivo de operar a desconstrução do capitalismo do *welfare state*, não para por fim à instituição Estado. Basta ver que seu discurso consiste num repertório de contrapontos, ponto a ponto, a cada elemento da fórmula keynesiana do Estado. Coloquemos do avesso tudo que um keynesiano aponta como tarefa do Estado e teremos um neoliberal: se para o keynesiano o investimento estatal é o antídoto contra a paralisia do mercado, para o neoliberal a intervenção estatal é exatamente a anestesia das livres iniciativas deste; mais ainda, se para o keynesiano o investimento estatal é a fonte geradora do pleno emprego, da distribuição da renda e do impulso ao consumo, para o neoliberal é ele pura fonte de burocratismo e de espiral inflacionária, que só o investimento privado desfaz e reverte; e, se para o keynesiano é a regulação estatal que pode garantir a paz social e a consequente fluidez do sistema, para o neoliberal estas situações ideais são intrínsecas somente à regulação mercantil.

Redução fiscal, privatização, despatrimonialização, desregulamentação, tal é o perfil do Estado que surge com a reestruturação neoliberal.

A reestruturação da técnica e do meio ambiente e o novo espaço

O efeito da reforma neoliberal do Estado é a introdução de uma nova forma de regulação dos arranjos do espaço, a reestruturação estatal se desdobrando na reestruturação espacial, o que supõe, paralelamente, a reestruturação da técnica e do padrão da relação ambiental. Vejamos antes estas duas outras reestruturações, a começar pela reestruturação da técnica.

As revoluções mecânicas e a revolução bioengenheirial

A técnica e o formato espacial que conhecemos são o resultado de duas revoluções industriais, cuja ultrapassagem está a caminho com a terceira revolução industrial.

A primeira Revolução Industrial inaugura a fase do capitalismo atrasado (Mandel, 1972). Ocorre na Inglaterra, no século XVIII, entre 1780 e 1830, aí implantando um padrão de organização de espaço denominado manchesteriano, idealizado pela e para o fim da hegemonia do capital sobre o trabalho.

Por volta de 1830, ela migra da Inglaterra para o continente, expandindo-se para a Bélgica e a França, países próximos do arquipélago britânico. E, nos meados de 1870, atravessa o Atlântico e ruma para os Estados Unidos, antes de generalizar-se pelo resto do continente.

PARA ONDE VAI O PENSAMENTO GEOGRÁFICO?

A tecnologia característica é a máquina de fiar, o tear mecânico, o desca-roçador do algodão. O ramo básico é o têxtil de algodão. E a classe trabalhadora típica é o operariado das fábricas têxteis. O sistema de transporte característico é a ferrovia, além da navegação marítima. Máquinas e meios de transporte são movidos pela energia do vapor originado da combustão do carvão, de modo que todas as localizações geográficas se orientam pela localização das minas de carvão. Indústrias atraem indústrias segundo a "lei" da economia de escala. E instalam-se os aglomerados urbanos.

A pequena abrangência da escala territorial dessa técnica limita a nova organização espacial praticamente ao âmbito desses aglomerados, *locus* imediato do evento industrial em curso, permanecendo o restante do território nacional organizado sob a velha paisagem rural por todo o correr desse período.

O paradigma tem por referência as indústrias de Manchester, o centro têxtil por excelência do período na Inglaterra, que irá manter-se como polo industrial de importância mesmo depois de este país entrar no período da se-gunda Revolução Industrial, quando as manchas industriais se multiplicam e muda o centro de gravidade da sua distribuição territorial.

A base do sistema manchesteriano é o trabalhador por ofício, um trabalhador assalariado, geralmente pago por tarefa e ainda egresso dos tempos da manufatura.

A indústria já existia antes do surgimento da fábrica, primeiro na forma do artesanato e depois da manufatura. A manufatura aparece por volta dos séculos XIII e XIV e desempenhará o importante papel histórico de fazer a passagem da forma artesanal para a forma da manufatura. O principal elemento dessa pas-sagem é a criação do sistema do maquinismo e da divisão técnica do trabalho dentro da manufatura, que altera inteiramente a estrutura técnica e produtiva do artesanato e cria as bases para o surgimento da fábrica. O artesanato encon-trava apoio no uso de ferramentas simples e a divisão de trabalho e das trocas praticamente existia no nível de conjunto dos artesanatos dentro da sociedade. A manufatura irá reunir artesãos dentro de um galpão e fazê-los trabalhar segundo as especializações do seu artesanato e em cadeia, criando internamente a divisão técnica do trabalho que antes existia fora. Por isso, inicialmente, a manufatura é uma extensão do artesanato.

Com o tempo, a manufatura junta as ferramentas simples usadas em nível individual pelos artesãos numa estrutura mecânica mais complexa e que reproduz a cadeia das especializações dos artesãos, criando o sistema do maqui-nismo com que vai se afastar da estrutura do artesanato e avançar no sistema do maquinismo que transferirá mais à frente para a fábrica. Fundamental nessa

POLÍTICA, TÉCNICA, MEIO AMBIENTE E CULTURA

metamorfose é a introdução do relógio como controlador do tempo de trabalho dos artesãos, disciplinarizando o espaço-tempo da cadeia da produção e dentro dela as ações individuais dos artesãos, convertidos em artesãos operários (Thompson, 1998). As primeiras gerações de artesãos, acostumados ao ritmo de espaço-tempo da economia familiar autônoma da qual são egressos, reagem a essa rígida regra do tempo disciplinar, em relação à qual as gerações seguintes vão, entretanto, se acostumando como cultura de templo de trabalho. Todavia, a manufatura não altera o caráter do trabalho por ofício dos artesãos, mantendo-o com os operários artesãos e mesmo passando este caráter para a fábrica da primeira Revolução Industrial. A rigor, foi essa sequência de transformações, que vai do artesanato à fábrica mediada pela ação de transição da manufatura, verdadeiramente a Revolução Industrial.

A organização do trabalho por ofício determina a forma de organização do espaço interno da fábrica, cujo traço mais específico é a porosidade. A fim de realizar a produção, o operário utiliza diversos tipos de ferramenta e matérias-primas. Em consequência, é grande o número de interrupções do trabalho dentro da jornada, obrigando-se o operário a parar a produção a cada momento que pega uma ferramenta ou desloca-se entre os diferentes pontos da fábrica. É comum um dia de trabalho ser intercalado por várias paradas, numa sucessão de poros que, ao fim da jornada, somam um tempo total expressivo, com influência no custo e na produtividade. A jornada normalmente se alonga por mais de 12 horas de um trabalho pesado e estafante, realizado num ambiente extremamente insalubre, em prédios adaptados e em regra sem luminosidade e ventilação. As máquinas se amontoam umas ao lado das outras, frequentemente ocorrendo acidentes fatais para os operários, sem direito a indenizações. Entre os trabalhadores, predominam mulheres e crianças, completamente desamparadas de qualquer meio de proteção e assistência.

A ordenação do espaço externo à fábrica é objeto da regulação do mercado. Por meio da divisão territorial de trabalho que impulsiona, a relação do mercado divide e ao mesmo tempo integra o espaço nacional em regiões homogêneas. O que faz no nível nacional, a relação mercantil repete no internacional, mas aqui a partir de uma divisão internacional de trabalho e de trocas na qual, Inglaterra à frente, os países industrializados se colocam como fornecedores de bens manufaturados e o mundo como sua periferia supridora de bens primários, numa relação internacional equivalente à relação cidade-campo existente em cada país industrializado.

A segunda Revolução Industrial inaugura a fase do capitalismo avançado. Começa nos Estados Unidos por volta de 1870, de onde, numa forma

|137|

PARA ONDE VAI O PENSAMENTO GEOGRÁFICO?

ainda mesclada com a primeira, migra em retorno à Europa, para espalhar-se por este continente. Na virada do século, impulsiona a industrialização tardia da Alemanha, da Itália e do Japão. E, no século XX, se espraia rapidamente pelo resto do mundo, atingindo a América Latina, Ásia e países da África no pós-guerra.

Combinam-se na tecnologia do período a metalurgia, a eletromecânica e a petroquímica, como ramos da indústria, e a eletricidade e o petróleo, como formas de energia.

Estamos diante de uma outra civilização material. Os metais (o aço, a base de tudo) levam a humanidade a um estado de civilização geológica. E a eletricidade e o petróleo a uma civilização da energia. A eletricidade dá origem ao motor elétrico e cria a indústria eletromecânica, em particular a indústria do alumínio, concorrente do aço. O petróleo dá origem ao motor de explosão e finca o ramo da petroquímica ao lado das indústrias metalúrgicas como base essencial. O aço se torna um material tão central, que é nesse período que a siderurgia alcança sua grande expressão, falando-se de uma era do aço, assim como a primeira Revolução Industrial foi uma era do carvão. Por sua vez, o motor elétrico e o motor a explosão movimentam, além das máquinas, um sistema de transportes no qual a rodovia e a navegação aérea vêm se somar à ferrovia e à navegação, de forte integração em rede e grande rapidez e capacidade de deslocamento.

A indústria automobilística, ramo que assume o centro de gravidade do sistema, é a imagem simbólica dessa segunda revolução, do mesmo modo como a imagem da primeira está ligada à indústria têxtil. Assim como o operário metalúrgico, designação genérica do trabalhador das indústrias metalúrgicas, metal e eletromecânica, é o seu trabalhador típico, enquanto na primeira foi o operário das indústrias têxteis e alimentícias.

As indústrias dessa era técnica são, pois, ávidas consumidoras de recursos minerais e energéticos fósseis, mudando, assim, em relação à primeira era técnica, o paradigma das matérias-primas, dos materiais e da relação homem-meio e trazendo consigo uma forma essencialmente inorgânica de percepção do conceito do trabalho e da natureza. Diferentemente da fase da primeira revolução industrial, em que as matérias-primas, o material e a percepção relacionam-se principalmente ao mundo agroanimal, originando nos homens uma forma de concepção da natureza como coisa viva, tipicamente ainda das culturas pré-industriais.

Todavia, se a primeira Revolução Industrial cientificamente baseou-se na física, a segunda apoiar-se-á na química, a era da segunda Revolução Industrial reforçando e consolidando a cultura mecanicista e tecnicista da civilização

POLÍTICA, TÉCNICA, MEIO AMBIENTE E CULTURA

aberta pela primeira. De forma que o efeito dessa segunda era técnica sobre tecnificação dos espaços é, assim, mais completa e extensiva que o da primeira. Criando os espaços nacionais integrados num só mercado e organizado nas regiões polarizadas.

A técnica da segunda revolução industrial caracteriza-se pela alta escala de concentração orgânica e territorial, acentuando os contrastes da distribuição de população e capitais entre cidade e campo inaugurados pelo período anterior. A energia elétrica libera a indústria dos anteriores constrangimentos de localização e dá abertura para uma expansão territorial sem limite, levando o mundo a industrializar-se como um todo. O mercado então se agiganta: toma a cidade e as vias de circulação (comunicação e transporte), que dela se irradiam como ponto de partida, e avança sua ação para além do campo no sentido de uma relação nacional de mercado.

O vetor das organizações é o taylorismo, um conjunto de regras, denominado organização científica do trabalho por seu autor, o engenheiro Frederick Taylor (1856-1915), devotadas à eliminação da porosidade do trabalho fabril. Com o taylorismo, surge o trabalho por tarefa, específico, fragmentário, mediante o qual o tempo se encurta pela repetição, ao infinito, dos mesmos gestos corporais, num ritmo de velocidade crescente. O cerne dessa lógica é o vínculo produto-máquina-operário, em que a especialização do produto especializa a máquina-ferramenta e esta especializa o trabalhador. A arquitetura da fábrica da segunda revolução industrial, alicerçada no fluxo da energia elétrica, favorece a implantação das regras do taylorismo: os prédios ganham um desenho externo e interno mais correspondente à nova função técnica da indústria, e os cabos elétricos substituem as polias, liberando área para melhor arranjo distributivo das máquinas e tornando a fábrica um ambiente mais arejado, iluminado e espaçoso. Este novo arranjo do espaço desfaz o arranjo manchesteriano e impõe seu molde em toda extensão do espaço interno da fábrica. O enfileiramento da cadeia máquina-operários-fluxo sequencial da produção já é a própria arrumação taylorista do espaço da fábrica.

É esta arrumação que Ford leva no começo do século XIX para dentro de sua fábrica de automóveis, adaptando o taylorismo na forma da linha de produção. Ao longo da esteira rolante, o automóvel é montado de uma ponta à outra, numa sequência em que na ponta final o automóvel sai inteiramente montado. Distribuídos ao longo da esteira rolante (nos chamados postos de trabalho), os operários repetem como autômatos o movimento ininterrupto e contínuo da montagem. São peças de uma engrenagem determinada pela lógica da velocidade do ritmo e do tempo do trabalho automático.

|139|

PARA ONDE VAI O PENSAMENTO GEOGRÁFICO?

Como consequência, desaparece o velho trabalhador por ofício, substituído pelo trabalhador parcial no qual se dissociam o ato de pensar e o ato de executar. A rigor, o taylorismo é a separação absoluta das formas de trabalho, dissociando o trabalho intelectual do trabalho manual e o trabalho de direção do trabalho de execução. Assim, cria a fileira de engenheiros especializados, como se a revolução industrial taylorista fosse uma revolução de engenheiros e engenharia (o próprio Taylor era engenheiro). Pensar torna-se, deste modo, função do engenheiro e executar função do operário, numa separação espacial dentro da fábrica entre o escritório, um ambiente envidraçado de onde os engenheiros observam e planejam todo o movimento fabril, e o chão da fábrica, o campo amplo da fábrica onde as máquinas, os operários e os produtos se arrumam ao longo do fluxograma da linha de montagem.

Completa essa separação espacial entre quem pensa (o engenheiro) e quem executa (o operário), principal característica estrutural desse período técnico, um sistema espacial de gestão fortemente hierarquizado. Há um engenheiro em cima, projetando no escritório, para que os operários embaixo executem o projeto no chão da fábrica. Fazer-lhes chegar o projeto é fazer este passar por toda uma rede intermediária de chefias. O projeto é explicado pelo engenheiro e a explicação percorre de chefe a chefe toda a fábrica, até chegar à execução do operário. Para isso, o chão da fábrica é dividido em várias porções de espaço, cada qual com a gestão de um chefe. E, se o número de trabalhadores do setor é ainda grande, divide-se este número em grupos de quatro ou cinco, quebrando-se as chefias em novas subchefias, fragmentando a organização do espaço fabril numa rede hierárquica de chefias tão ampla que, por vezes, esta engenharia gerencial chega a atingir um quinto ou um quarto do número de trabalhadores envolvidos na tarefa da produção. A hierarquia ganha tal dimensão, que a vigilância, supostamente um meio e uma regra, torna-se um fim. Por meio desta regulação taylorista-fordista, a fábrica se automatiza e vira um sistema de produção padronizada, em série e em massa, com sua correspondência no trabalho padronizado, parcializado e massificado, e corolário no regime de salariato mensal, que elimina o salário por peça e extingue a porosidade do paradigma anterior.

O espaço geral da sociedade, por extensão, igualmente se transforma. A sociedade de consumo de massa que a fordização origina dissolve a região homogênea e redivide o espaço nacional em regiões polarizadas. Um sistema de hierarquia territorial entre as cidades, com base em seus respectivos equipamentos terciários, que se reproduz no espaço como um todo na forma de um sistema de hierarquias regionais a partir do seu principal centro urbano. Esta organização

|140|

POLÍTICA, TÉCNICA, MEIO AMBIENTE E CULTURA

do espaço se transporta da fábrica para o todo da cidade, e desta para os campos, organizando todo o espaço nacional num sistema hierárquico, que logo se estende às relações entre os países, tudo propiciado pelo rápido desenvolvimento dos meios de transferência, que vencem as distâncias, multiplicam a divisão territorial do trabalho e expandem a hierarquia dos polos pelo mundo.

A infraestrutura trata-se, assim, de um elemento básico, e este espaço polarizado, hierarquizado e uniformizado é dependente do Estado. É pela intervenção do Estado, mediante o planejamento do território, um pressuposto da propagação fordista, que todo esse processo ocorre e ganha o mundo em ritmo acelerado. O investimento muito alto, seja em infraestrutura, seja em pesquisa, implica um dispêndio de tempo e recursos tão elevado que somente o Estado pode bancar. Sob sua instância, a infraestrutura se difunde e por esse intermédio a cidade subordina o campo – a região superior à região inferior em desenvolvimento industrial –, a produção integra o consumo e o mercado se transforma num fenômeno de massa. É o Estado keynesiano.

Incorporado, diferenciado e integralizado nessa esfera da circulação de infraestrutura dos meios de transferência subvencionada pelo Estado, o espaço ganha uma escala de ampla complexidade. A divisão territorial do trabalho avança pela especialização das áreas agrícolas, mecaniza o campo e empurra os camponeses para as cidades em todo o mundo. Os campos se despovoam. As cidades se proletarizam. Os automóveis monopolizam e metropolitanizam o espaço urbano, invadem as paisagens rurais e põem fim à velha sociedade rural que se mantivera inalterada por todo o período da primeira Revolução Industrial.

A terceira revolução industrial, por fim, é a fase do capitalismo globalizado. Inicia-se na segunda metade do século XX. Indica-se o Japão como seu ponto de difusão e partida. E fala-se de uma japonização da indústria, uma relação que deriva do vínculo da terceira revolução industrial com a regulação toyotista.

A base da terceira revolução industrial é a microeletrônica, desdobrada na informática, na robótica e na engenharia genética (biotecnologia moderna), atividades que fogem às características de ramos industriais habituais e traçam a diferença do capital da terceira revolução industrial – bioengenheirial – em relação às duas anteriores, essencialmente mecânicas. Tem em comum com elas a condição de uma nova era técnica, mas difere-se por introduzir uma tecnologia não propriamente industrial. É, antes, uma revolução que se passa na esfera da circulação, deslocando a economia da esfera da produção para a da pesquisa e a tecnologia gerada num setor quaternário, então criado. Ademais, a terceira é uma revolução técnica calcada numa mistura de física, química e linguística centrada na biologia molecular e numa tecnologia bioengenheirial, com uma

|141|

PARA ONDE VAI O PENSAMENTO GEOGRÁFICO?

forma de percepção da natureza cada vez mais voltada para a natureza vida e com reflexos biogenéticos sobre o arranjo dos espaços (Rifkin, 1998).

O computador ocupa um lugar central nessa nova economia. Máquina de novo tipo, o computador difere da máquina das revoluções industriais anteriores. É flexível e não tem a rigidez e incapacidade de reciclagem daquela. Composto de duas partes, o *hardware* (a máquina propriamente dita) e o *software* (o programa), integradas sob o comando do *chip*, o computador é uma máquina reprogramável e mesmo autoprogramável. A cadeia do processamento produtivo pode com ela ser trocada e mesmo reorientada em pleno andamento, conforme a necessidade. É a flexibilização do trabalho e da produção.

Com a flexibilização, altera-se, pela segunda vez na história industrial do capitalismo, o arranjo do espaço interno da fábrica. E na forma do toyotismo. O toyotismo, nome tirado da fábrica de automóveis Toyota, é filho da crise que se instala no modelo do taylorismo-fordismo no imediato pós-Segunda Guerra. De um lado, na medida em que consiste em retirar do trabalhador aquilo que lhe é mais próprio como ser humano, a capacidade de criação, a regra taylorista ossifica o trabalho. Qualquer erro de programação no projeto, mesmo quando antecipadamente percebido, encontra dificuldade de ser corrigido a tempo, pouco se podendo fazer diante do fato de o projeto já vir programado de cima para ser processado em monolítico no rés do chão da fábrica. De outro, na medida em que segue a regra do consumo de massa para atendimento de uma produção de massa, qualquer descompasso na relação entre esses dois momentos econômicos que redunde na formação de estoques e sua tendência de crescimento afetará o custo e a produtividade industrial fordista, atingindo em cheio a rega do *minimax*. Isso sem contar o estresse, a baixa à enfermaria, a falta ao serviço, o desgaste físico e a exaustão do trabalhador, produzidos pela rotina do trabalho.

O toyotismo substitui o trabalho em migalha do chão da fábrica pelo trabalho polivalente, e a linha de produção pelas ilhas de produção. E aproxima escritório e chão de fábrica, via conexão informatizada das fases do processamento da produção, ensaiando uma mudança na relação entre o trabalho intelectual e o trabalho manual, por meio da "socialização" das responsabilidades de concepção, bem como do trabalho de direção e o trabalho de execução. De modo que, no plano interno da fábrica, a resposta toyotista é uma nova forma de relação de tempo-espaço. Programado e transmitido pelo computador, o projeto é levado à discussão dos trabalhadores em equipes. Estes se distribuem não mais em linha, mas em círculos de equipes (CCQ), as ilhas de produção. A distribuição dos trabalhadores em círculos quebra a linha de montagem nessas ilhas, cada ilha formando um setor da fábrica e no interior das quais o trabalho se torna polivalente e integrado, levando a um rodízio de tarefas.

É a relação entre a fábrica e o mercado, contudo, a grande transformação na organização do espaço. E o seu veículo é a integração balcão-fábrica, uma relação introduzida pelo uso generalizado do computador nos serviços, com dado chave no kanban e no *just-in-time*. O kanban é um sistema de controle de informação, semelhante ao sistema de sinalização do trânsito, que orienta a reposição de mercadorias nas lojas, e, então, a relação entre a loja e a fábrica. Adotado primeiramente nos supermercados, e depois levado para a fábrica, modifica por inteiro a programação da produção. O desdobramento é o JIT (*just-in-time*/produção a tempo). Apoiado no kanban, o JIT é um sistema que sincroniza balcão e fábrica num mesmo andamento. O movimento do balcão determina o movimento da fábrica, e a fábrica responde ao que o balcão pede. Invertendo a clássica relação fordista, a venda orienta a produção, resolvendo o problema dos estoques. A introdução da diversidade e da quantidade da produção limitada ao volume da demanda por produto vira a norma, e o custo e a produtividade tornam-se mais controlados. Integram-se, assim, no nível mais amplo da sociedade, o espaço da indústria e o espaço do comércio, alterando a divisão territorial do trabalho entre os setores secundário e terciário.

Um terceiro dado é, por fim, o novo sistema de relação entre as empresas. A forma de administração que combina JIT e kanban abre espaço para um sistema de terceirização e subcontratação entre pessoas e empresas. Todo um conjunto de empresas de produção e serviços é estimulado a surgir para se interpor entre o balcão e a fábrica, numa horizontalização das relações entre empresas de vários tamanhos, setores e tipos, que substitui a verticalização fordista.

A relação espacial que assim se estabelece entre o balcão e a fábrica altera como um todo a economia fordista. Os velhos problemas de custo e produtividade, equilíbrio entre produção e consumo, crise de superprodução e de subconsumo, que são consequência da produção padronizada, em série e massa (o sistema fordista aplicado como uma estratégia de domínio do mercado) são superados. O problema dos estoques, com sua repercussão nas taxas de custo, produtividade, lucro e vendas, praticamente desaparece. Mas essa reorganização que supera é igualmente a que recria os problemas: o nível alto dos investimentos se acentua e a economia centraliza-se em um número ainda menor de empresas, com um aumento do monopolismo. O trabalho polivalente cria o desemprego. E a terceirização e a subcontratação divide os trabalhadores em permanentes e precarizados, com forte efeito sobre a organização dos sindicatos.

PARA ONDE VAI O PENSAMENTO GEOGRÁFICO?

Mudam a proporção e a relação entre as formas de capital. E, em consequência, a relação espacial entre as esferas da produção e da circulação, já alteradas na relação do *just-in-time*. O vetor é aqui a fusão da informática com as telecomunicações, o novo efeito do uso do computador cujo beneficiário é o capital financeiro. Já hegemônico desde os fins do século XIX, o capital financeiro avança em definitivo seu poder sobre a base da mundialização da esfera da circulação, cujo desenvolvimento avança pelos espaços por intermédio dos meios de transferência organizados em rede, que tem como núcleo a infovia. Do seio do capital financeiro emerge, se separa e se autonomiza, assim, o capital rentista, a fração, agora maioritária, do capital meramente especulativo. O capital rentista é um segmento que se desgarra do capital financeiro na década de 1970 junto com a explosão da informática, pelo uso do computador no setor dos serviços e pelo gigantesco endividamento dos Estados que ocorre na mesma década, para tornar-se a forma de capital dominante da nova economia.

É o que basta para a regulação toyotista entrar como nova norma de regulação do espaço, combinando o desmonte do mundo das estruturas do fordismo com o desmonte do recortamento territorial regional e do Estado promovido pela reforma neoliberal, de modo a dissolver todas as fronteiras segundo as quais até então se organizava acumulação industrial. O impacto imediato sobre as fronteiras do Estado nacional é o que mais chama atenção. A fronteira dos Estados nacionais, já afetada pelas empresas multinacionais e, depois, transnacionais, que vêm na esteira da uniformização técnica do mundo introduzida pela segunda revolução industrial, dá lugar a um espaço fluido, maçado pela livre mobilidade territorial do capital. E dissolve, em consequência, a fronteira das regiões, já esbatidas com a relação hierárquica das regiões polarizadas, o espaço se estruturando totalmente em rede.

A crise ambiental, o esgotamento e o fim de um ciclo

O modelo da segunda revolução industrial, altamente centrado na metalurgia, na petroquímica e nas energias fósseis, leva a um esgotamento rápido de alguns recursos esgotáveis e não renováveis, justamente os que orientavam a racionalidade do *minimax*. Por outro lado, estruturadas em forças mecânicas, mas consumindo recursos por suas características químicas, as indústrias dessa segunda fase consolidaram um paradigma de relação técnica com os espaços que traz um forte efeito desestruturador do meio ambiente.

Levou tempo, entretanto, para se perceber que o problema do esgotamento estava no paradigma técnico, uma vez que a tecnologia de base físico-mecânica tem a propriedade de consumir a natureza, sem a capacidade de reconstruí-la.

|144|

POLÍTICA, TÉCNICA, MEIO AMBIENTE E CULTURA

Em outras palavras, de impor à natureza um molde de uniformidade padrão e não autorregenerativo, quando a natureza, ao contrário, é padronizada de forma heterogênea e autorregenerativa. Reinventar a cultura tecnocientífica vai, pois, substituir este paradigma destrutivo e não autorregenerador (porque moldado num princípio físico-mecânico) por um outro que seja compatível com o padrão heterogêneo e autorregenerativo da natureza (porque moldada num princípio biogeoquímico). Daí a importância que irá adquirir a engenharia genética e o seu papel na reestruturação da relação ambiental.

Enquanto a primeira Revolução Industrial e a segunda seguem o modelo de uma revolução mecânica, iniciado pela primeira e transformado em paradigma para a escala planetária pela segunda, a terceira Revolução Industrial é uma ruptura com esse modelo, e se orienta por substituí-la pela indústria modelizada na informática e na engenharia genética, ambas tecnologias vazadas nos princípios da linguagem quântica e da biologia molecular.

Isto significa, na prática, o equivalente a uma mudança de civilização no campo material. Até a primeira Revolução Industrial, as matérias-primas vinham dos vegetais e animais. Mesmo as máquinas eram fabricadas com madeira arrancada das florestas, usando-se metais somente nas peças das ligaduras. A segunda Revolução Industrial inaugura uma era geológica. De início, o consumo de minérios visava ao fabrico das máquinas necessárias à montagem e funcionamento das fábricas. Depois, com a generalização do emprego das máquinas nos transportes e na agricultura, esse consumo aumentou grandemente. Por fim, com o uso da química e a produção dos sintéticos, seu consumo entra pelo universo da produção dos bens de consumo da massa, como roupas, utensílios e mesmo medicamentos. A mundialização da indústria capitalista mundializa também essa cultura de materiais construídos pelo consumo de minérios, que então começam a mostrar sinais de esgotamento. Introduzir como referência a engenharia genética significa mudar de novo essa referência material, levando-a para um campo de materiais cada vez menos mineralógicos e mais bioengenheiriais.

Como não se cria uma nova cultura tecnocientífica da noite para o dia, o tempo virou um problema estratégico. É preciso tempo para criar-se a nova base material (técnica e natureza compatíveis em seus respectivos modelos) – isto é, tempo para que as pesquisas bioengenheiriais se expandam e já se convertam em novos artefatos tecnológicos, e tempo para que o capital fixo hoje materializado nos artefatos mecânicos do velho paradigma se liquefaça e de imediato se rematerialize nos artefatos (infobioengenheiriais). Contudo não se dispõe de muito tempo num sistema que se arrasta numa crise que de tão prolongada tornou-se sincrônica em escala mundial.

|145|

PARA ONDE VAI O PENSAMENTO GEOGRÁFICO?

Até porque tempo numa conjuntura de economia mundializada significa acerto de estratégias entre os Estados, como eventos mundiais realizados sob os auspícios da ONU (como a Conferência de Estocolmo de 1972 e a ECO-92) e tratados de controle do meio ambiente (Ribeiro, 2001).

As conferências e tratados globais visam a acelerar a transição de um modo organizado, sobretudo, pois logo se tem o embrião do novo que se encontra já minimamente desenvolvido na forma da microeletrônica, da informática, da biotecnologia e na nanotecnologia, capazes de produzir novos materiais para uma nova civilização material, mas que ainda precisa da reversão paradigmática que dispa a roupagem velha do processo produtivo e o vista com a roupagem nova. A engenharia genética é, assim, o cerne da nova base material. A bioengenharia se enraíza no conhecimento do código genético, cuja riqueza é tão mais ampla quanto maior é a diversidade dos seres vivos. Ocorre que o quadro dos conhecimentos desse patrimônio é ainda muito precário em razão da longa hegemonia do velho paradigma mecânico, pedindo o acúmulo de pesquisa que o converta em tecnologia em escala de produção industrial. Aqui entra o tema dos biomas, biodiversidade e bioengenharia como as pontas de uma nova ordem paradigmática de produção e relação ambiental.

O novo espaço

O resultado é o bioespaço.

A noção da diversidade da natureza é o conceito que vem para substituir o velho e monolítico conceito de uma natureza monista. E a bioengenharia, versão moderna da biodiversidade, é a técnica capaz de relacionar-se com a natureza complexa e autorregenerativa, de que se mostrou incapaz o paradigma tecnocientífico histórico, de caráter físico-mecânico.

O conceito de natureza biodiversa leva a alterar todo o conjunto dos conceitos herdados do paradigma físico, levando a refazer a noção vigente de estrutura e movimentos da natureza e ainda de recursos naturais a partir de uma nova forma de percepção e atitude espacial. O conceito de recursos de feição basicamente mineral e, assim, de circunscrições territoriais rigidamente demarcadas, deve dar lugar ao conceito de recursos de feição genética e, portanto, sem fronteiras territoriais fixadas, porque laboratoriais, a não ser as da própria marcha para adiante da biorrevolução.

Este novo modo de conceituar a natureza, com reflexo no conceito de organização do espaço, leva, destarte, a uma nova geografia: de um lado, temos um novo recurso que está mais para a criação laboratorial que para as

POLÍTICA, TÉCNICA, MEIO AMBIENTE E CULTURA

territorialidades naturais, de outro, temos uma pesquisa baseada na territorialidade dos biomas. De modo que a biodiversidade e a bioengenharia levam, no futuro das próximas décadas, a uma forma de organização de espaço cujo recorte deverá ser o próprio ecossistema que encerra a natureza biodiversa, a uma biopaisagem e a um bioespaço. Consequentemente a um biopoder (Moreira, 2006a).

Por isso, tendemos a viver neste final de século uma situação científica semelhante à dos séculos XVIII-XIX, em que aventureiros, naturalistas e geógrafos saíam mundo afora conquistando, pesquisando e cartografando os recursos requeridos pela Revolução Industrial de então: os minérios e as formas de energia fóssil. Um novo esforço de descoberta do planeta é atualmente requerido para a pesquisa e mapeamento desse novo recurso natural chamado código genético, com a diferença de que os aventureiros, naturalistas e geógrafos de hoje usam guarda-pó branco e operam com supercomputadores.

Para que isto ocorra, porém, o espaço mundial não mais pode continuar organizado nas velhas e rígidas fronteiras dos Estados nacionais criadas pelo velho capitalismo. Por essa razão o capital se mobiliza pela reestruturação do Estado e do espaço, no sentido de uma nova geografia política, por intermédio das conferências mundiais e tratados de nova regulação em escala planetária do meio ambiente.

Tudo isso ocorre no momento em que a aceleração do desenvolvimento dos meios de transferência (transporte, comunicação e transmissão de energia) libera a indústria dos constrangimentos locacionais de antes e difunde a terceira revolução industrial em escala planetária.

Assim, a virada do século XX para o século XXI forma uma conjuntura que reúne a reestruturação do Estado, da técnica e da relação ambiental em rede global, alterando a paisagem e o modo de organização geográfica da sociedade moderna simultaneamente em todos os lugares na forma do bioespaço.

Até os anos 1950 era comum ver-se ainda em largas porções de territórios pelos continentes as grandes paisagens que formaram os espaços das civilizações do passado. Podia-se ainda falar da paisagem do arroz, do trigo, dos tubérculos, do milho, para referir-se à relação entre culturas e regimes alimentares no sudeste asiático, no centro e noroeste europeus, nas regiões tropicais africanas, no *hinterland* americano, respectivamente. Podia-se ver a paisagem das culturas de plantas e animais transmigrados entre os continentes pela colonização europeia do mundo. E se podia ver essas paisagens nos manuais de geografia escritos até aquela década, numa tradição que se estendia desde Karl Ritter e Alexander von Humboldt nos meados do século XIX, a La Blache e Brunhes nos começos do século XX, até Max Sorre e George nos meados do século XX.

|147|

PARA ONDE VAI O PENSAMENTO GEOGRÁFICO?

Entretanto, levados pela tecnologia da segunda revolução industrial, desde o começo do século xx a urbanização e os novos costumes do consumo urbano vinham já modificando a correlação entre culturas e regimes alimentares nas diferentes regiões dos continentes, sem contudo alterar e dissolver suas seculares paisagens. A globalização das trocas, a industrialização generalizada e a urbanização mundial vão operar as grandes mudanças.

O que se vê para a paisagem das culturas e regimes alimentares vê-se igualmente para a paisagem das habitações e vestuário, mercê da sua desvinculação dos materiais de construção e fabrico extraídos do entorno do meio ambiente, entrecruzando e disponibilizando nas cidades materiais vindos dos mais diferentes lugares e entre eles os sintéticos produzidos pelo desenvolvimento tecnológico da indústria mundializada.

Acrescente-se a isto, dada a migração das indústrias da cidade para o campo, a dissolução, agora acelerada, das fronteiras que separavam e diferenciavam campo e cidade, originando a uniformidade da paisagem que vai de certa forma se homogeneizando no final do século xx em todo o planeta.

A terceira revolução industrial tende a reaviver estes quadros passados, como que restaurando as paisagens do passado pelo intermédio da tecnologia do DNA recombinante, trazendo o passado de volta na forma de biopaisagens.

A reestruturação da cultura da repetição e a nova diferença

A reestruturação ocorre, assim, ao mesmo tempo no campo da política, da técnica e do espaço, resultando numa reestruturação ambiental. O pressuposto, todavia, é a reestruturação da cultura tecnocientífica, paradigma para toda esta fase das duas revoluções industriais, que agora com a terceira começam a ir embora. Reestruturação cujo cerne é a substituição do paradigma da repetição mecânica pelo da engenharia genética.

A lógica da repetição

A repetição é o movimento cíclico monótono e disciplinar do trabalho da fábrica administrado no tempo mecânico do relógio e alicerçado no cálculo contábil da economia política capitalista. É o cotidiano dos eternos ciclos da vida: acordamos, saímos para o trabalho e voltamos para casa ao final do dia, sabendo que este dia repetir-se-á exatamente do mesmo modo nos dias seguintes e em todo o calendário do ano. Um paradigma que começa a ser construído dentro da manufatura e se consolida como técnica, espaço e relação ambiental pela primeira Revolução Industrial e, sobretudo, pela segunda, estruturando-se há mais de cinco séculos!

|148|

POLÍTICA, TÉCNICA, MEIO AMBIENTE E CULTURA

Nem sempre, portanto, a sociedade humana se organizou nesse modo de repetição. A sociedade moderna – a sociedade do trabalho – é que se organiza nessa característica e há uma razão para isso. A repetição organiza o controle das relações humanas, do processo produtivo às relações de classes, disciplinando os seus movimentos. Pela repetição, pode-se controlar os custos da produção nas fábricas no volume, ritmo e velocidade que se queira. E por meio dela se pode modelar a estrutura das instituições como uma forma regular de controle social, a exemplo da lei jurídica e do Estado.

O que caracteriza a repetição na sociedade moderna é a repetição mecânica. E o motivo mais profundo de a repetição mecânica ser a base de todo o sistema de sociedade em que vivemos é a razão mercantil. Mercado é competição e competição implica regularidade. Sem a repetição regular não há regularidade de competição. E, então, não há mercado.

Não é a primeira vez na história que uma sociedade se organiza com base nas relações de mercado. A sociedade escravista antiga era mercantil, e, se a analisarmos de maneira diferente da corrente, veremos que a sociedade feudal também o era. Mas foi a sociedade capitalista que levou a ordem mercantil a constituir-se na ordem geral da sociedade, levando a repetição regular das trocas mercantis a comandar nossos movimentos do cotidiano. O segredo é a repetição mecânica do relógio.

À base da repetição mercantil moderna está o controle disciplinar do trabalho. A ordem econômica vigente é um esquema de repetição do trabalho: há uma rotina matemática do trabalho, que organiza uma rotina matemática de produção e que então organiza uma rotina matemática de trocas, tudo centrado no tempo disciplinado do trabalho pelo movimento incessantemente repetitivo do relógio. O trabalho é repetição, para que a produção e a competição possam repetir-se com regularidade, o mercado possa organizar a produção e a produção regular a ordem econômico-social capitalista.

De modo que a lógica da repetição é a regularidade da constância, porque é pela regularidade constante que o sistema como um todo pode se organizar e funcionar em caráter perpétuo.

A repetição e a diferença

A repetição é uma das fontes da contradição do mundo moderno. Olhando para o mundo, o que vemos não é o padrão da repetição, mas a diferença. Cada pessoa que vemos é diferente da outra. Cada lugar, cada objeto e cada momento do tempo é diferença, não repetição. Todavia o caráter técnico da organização de nossa sociedade moderna organiza a própria

|149|

PARA ONDE VAI O PENSAMENTO GEOGRÁFICO?

diferença como repetição e a sujeita por meio do padrão da constância e da regularidade. A norma da repetição mecânica é modelar a vida como um padrão uniforme, que tem por finalidade conter e eliminar na identidade a diferença. Sobre a base dessa contradição entre a diferença e a repetição ergueu-se o mundo moderno.

Contudo, a contradição entre o padrão da repetição – que em geral chamamos de identidade – e a diferença que está na base da nossa sociedade moderna não foi pura e simplesmente inventada por ela. Se assim se tornou, é porque de alguma forma corresponde em algum nível à realidade objetiva.

Vimos que nosso mundo realmente tem o seu quê de repetitivo. Ao dia sucede a noite, ao verão o inverno, ao velho o novo. Cada vez que se solta um objeto no ar, ele volta ao solo sempre no mesmo movimento de queda. Já na Antiguidade os gregos haviam notado a repetição nos ciclos. Mas ao lado da repetição os gregos também percebiam a diversidade. Tanto assim que a filosofia nasceu em face da pergunta suscitada pela constatação do uno e do múltiplo como realidade contraditória do mundo. Indagavam-se como pode o mundo ser ao mesmo tempo repetição e diversidade, identidade e diferença.

Observando o mundo, os gregos viam a unidade por dentro da diversidade, a repetição combinada com a diversidade. É a velha dialética de Heráclito, retomada na modernidade por Hegel.

Se, então, a nossa sociedade tem na estrutura da sua organização a repetição é porque se encontra ela objetivamente no mundo. E a contradição decorre da supressão da sua relação dialética com a diferença. A modernidade reduziu o movimento rítmico do ciclo da repetição a um movimento exato, regular e constante de repetição matemática. E com isso suprimiu a diferença no seu par dialético com a identidade.

Foi exatamente esta redução quantitativa do ciclo da repetição, a partir da matematização dos ciclos de repetição da natureza, a origem da repetição social da modernidade. Vimos, nos capítulos anteriores, como se deu a dissolução da diversidade da natureza no filtro mecânico da repetição, mediante seu enquadramento no molde mecanicista da engrenagem da fábrica, e como isto resultou no conceito atual de natureza e homem, em benefício do espaço e do tempo vistos como espaço-tempo do mercado.

A repetição mecânica e a ordem social

A finalidade é, porém, a constituição da ordem social moderna. Se a repetição é a incansável rotina do ciclo, é preciso haver algo cuja força seja

|150|

POLÍTICA, TÉCNICA, MEIO AMBIENTE E CULTURA

suficiente não só para promover, mas também ordenar o movimento. Algo capaz de fazer que as coisas que tendam a ir, retornem e depois se vão de novo, para novamente puxá-las de volta, num eterno retorno do ciclo de repetição, denunciado por Nietzsche. Por isso, o sistema solar virou o modelo de referência da organização tanto da ordem física da natureza quanto da ordem social do homem: o sol é o centro dos planetas, assim como o pai o é da família, o professor da sala de aula, o presidente do país, Deus do cosmos e a cidade da região. Daí que a repetição ordene e seja ordenada por um centro de referência. E a ordem espacial burguesa seja a contradição entre centralidade e alteridade.

Assim, o capitalismo inventou a repetição mecânica, e a colocou no centro da organização da sociedade moderna, de modo a administrar a contradição do eterno retorno da diferença. Na verdade, reinventou-a, para dar-lhe um novo molde, o molde do controle social.

A transposição para o social fez-se na forma das instituições. As regras do trabalho, a frequência da escola, o recebimento do salário, os ciclos do descanso e do lazer são, portanto, repetições institucionalizadas.

A repetição mecânica como cultura

A repetição mecânica ganha o cotidiano humano. Torna-se regra e modo de vida. E invade a esfera dos valores.

Do relógio ao lazer, o tempo é pauta de horários que administram as ocupações, as obrigações e os compromissos. E o espaço a pluralidade dos pedaços vividos no tempo marcado. Até que as regras do taylorismo-fordismo se difundem durante a segunda revolução industrial como tempo-espaço geral de todos os lugares e homens.

A repetição mecânica vira a cultura corrente da sociedade moderna. Em escala mundial. A base tecnocientífica da indústria fabril é o nicho da cultura da repetição. De modo que, por onde chega, a indústria traz embutida consigo a cultura da repetição.

O problema ambiental e o limite do paradigma mecânico da repetição

Assim, a diversidade da natureza é levada a subordinar-se em cada canto ao mesmo padrão técnico de organização de espaço, entrando em conflito e denunciando com os efeitos ambientais a repetição mecânica no âmbito da indústria (fonte de poluição do ar e das águas) e da agropecuária (fonte de poluição das águas, dos solos e dos alimentos). E esta crise se exprime no que diz respeito ao meio ambiente pelo simples fato de o espaço ter se organizado na uniformidade técnica da cultura tecnocientífica em escala mundial.

PARA ONDE VAI O PENSAMENTO GEOGRÁFICO?

Por isso, paradoxalmente, o momento de auge do paradigma da repetição mecânica é também o de sua crise, condenando o modelo de organização do espaço com que se referenda: o meio ambiente se desarruma nesta escala e a diferença reage contra o padrão da repetição, como as águas contidas de uma represa. É assim que a natureza diversa e autorregenerativa reage à cultura da repetição mecânica, mostrando sua dissonância com o paradigma.

Esta contradição entre a técnica e a natureza no mundo da indústria moderna não vem de agora. Já no século XIX, quando a primeira Revolução Industrial inicia sua passagem para a segunda, os romances de D. H. Lawrence (1885-1930) a denunciam, falando das "regiões negras" da Inglaterra industrial. Mas enquanto a destruição ambiental restringia-se a algumas poucas áreas industriais, o próprio planeta se incumbia de assimilar os seus efeitos. Com a expansão para a escala mundial, o problema vem à tona. O mundo inteiro se torna uma *black region*, uma vez que é toda a epiderme da Terra que se vê exposta agora aos efeitos da repetição mecânica.

A grande contradição de nosso tempo é que há cada vez menos área ainda não transformada em "região negra", levando a capacidade da Terra de assimilar os efeitos ambientais da repetição mecânica da indústria a chegar ao nível do esgotamento.

Durante longo tempo, muitos geógrafos advertiram para a possibilidade dessa ocorrência, identificando sua origem no conteúdo físico-técnico da base material da indústria. Em seus livros, observam que o balanço da abundância ou escassez de dado recurso refere-se ao paradigma de demanda da indústria. Deixam quase transparente não ser a indústria o problema, mas a natureza do paradigma. E quase chegam a dizer que o problema também não é o planeta, e sim a forma paradigmática da exploração dos seus recursos. Brunhes é enfático ao dizer:

> Alguns países conservam, ainda, felizmente, grandes e preciosas reservas florestais: a Finlândia, a Suécia e o Canadá; mas é preciso levar em consideração o consumo assustador e sempre crescente dos grandes países industriais, que é ainda aumentado pelas guerras. De todas as partes chegam-nos os ecos das catástrofes que ocorrem nas regiões devastadas – inundações nas vertentes dos Alpes ou dos Pireneus, ravinamento nas planícies russas etc. As queixas têm sido de tal ordem que na Europa Ocidental, especialmente na França, a questão do reflorestamento não apenas está na ordem do dia, como, também, já foi iniciada. Além do empreendimento do reflorestamento, deveriam também ser tomadas providências para fazer cessar imediatamente as derrubadas egoístas e

POLÍTICA, TÉCNICA, MEIO AMBIENTE E CULTURA

selvagens nos locais em que subsistem florestas. Nas colônias, onde o europeu não cuida de se instalar definitivamente, estabelece ele feitorias em torno das quais pouco a pouco se desenvolve a exploração dos vegetais. Os indígenas, aos quais se solicita a matéria-prima bruta, encontram-na sem dificuldade nos primeiros tempos da colonização: é a coleta. Estimulados pelos preços, não tardam a chegar à devastação. Finalmente, chega-se a criar culturas cuja produção se torna regular; antes disso, porém, já se destruíram produtos de valor incalculável, que poderiam ter sido conservados para uma utilização durável. (Brunhes, 1962, p. 295)

O texto é de 1919. Nem os geógrafos lhe deram ouvidos!

Isto porque, enquanto a periferia territorial do capitalismo o favoreceu, este paradigma mecânico não foi posto em questão. Até que um dia, atingido o limite do horizonte de expansão da indústria moderna para novas áreas, percebeu-se que havia um limite territorial para sua continuidade, e que este limite real não era o físico-geográfico, mas o congênito do próprio paradigma de cultura tecnocientífica que a indústria moderna tem na sua base.

Tentou-se mesmo meios de controle. Desde o século XIX criam-se reservas e parques ecológicos. E no século XX criaram-se dois métodos de gestão do problema surgido: de um lado, uma classificação dos recursos em renováveis e não renováveis e em esgotáveis e inesgotáveis, de modo a poder programar-se o ritmo do seu consumo; de outro, a política moderna de conservacionismo, que logo evoluiu para o ecologismo e o ambientalismo, de maneira a preservar as formas de natureza a caminho do esgotamento. O esquema taxonômico serviu para mensurar o que já estava evidente: que em sua estratégia de transferência de custo-produtividade eram justamente os recursos não renováveis e esgotáveis que o padrão da indústria vinha consumindo em maior conta. E a política de conservação serviu para impulsionar as críticas ambientais e o fomento dos movimentos de conscientização sobre o meio ambiente.

Seus atores, entretanto, levaram tempo, e estamos ainda longe desse conceito generalizar-se, a fim de compreender que o limite real está localizado na cultura da repetição mecânica, no paradigma da técnica que usa, como desde o século XVIII-XIX vêm denunciando críticos socialistas como o geógrafo Elisée Reclus (s/d).

A afirmação biológica da diversidade

Com a instalação da crise do paradigma, vem a redescoberta da diferença. E, com a diferença, o conceito da biodiversidade. Em vez de um padrão

|153|

PARA ONDE VAI O PENSAMENTO GEOGRÁFICO?

de repetição mecânica, do qual a diversidade seria mero aspecto, toma-se por certo que a realidade do mundo é a diversidade da diferença, cíclica ou não.

A afirmação da diversidade chega amparada na emergência da biotecnologia como referência de uma nova leitura dos parâmetros de organização da natureza. A lei da gravidade, embora real, não é a lei que comanda todos os movimento da natureza. Ao lado do ciclo mecânico, e com o mesmo grau de determinação, a natureza é conservação da energia, portanto química, e autorregeneração, portanto biologia. A repetição existe, porém, assim como o movimento, conhece formas as mais diversas. Há a repetição mecânica. E há, por exemplo, a repetição por diferenciação, já analisada por Hettner. A ideia do ciclo vai se combinando à da espiral como forma também de movimento.

Todavia, o conceito da diferença e da diversidade não vem de imediato. Bem como o conceito da diferença e da diversidade da própria repetição. Sua formulação inicia-se primeiramente no campo da mudança paradigmática da ciência. E esta tem de vencer o triunfo da física clássica, por conta do triunfo da cultura da repetição mecânica com a revolução industrial. O sucesso da Revolução Industrial dos séculos XVIII-XIX, um movimento fundado na repetição mecânica, garante uma certa sobrevida à física clássica – quando ciências novas como a química, a biologia e a sociologia então aparecem no cenário, criando fissuras no paradigma.

Somente quando o cisma se dá dentro da própria física, com o surgimento da física relativista, primeiro, e da física quântica, a seguir, é que se dá também o abalo do paradigma. Mas é com a progressão da física quântica no sentido da biologia molecular, e desta no da tecnologia da engenharia genética, isto já na década de 1970, que da diversificação das ciências nasce a crise e da crise se passa à renovação paradigmática. Então, redescobre-se a própria diversidade da repetição, e, assim, a diferença, engendrando um novo momento com o embrião de uma nova cultura tecnocientífica.

A diferença e a estratégia da transição

Falar em diferença passou, portanto, a dizer que o movimento da natureza não segue a forma circular típica do paradigma físico-mecânico, mas sim a de múltiplas formas de movimento, com o mundo movendo-se por reprodução numa diferenciação em espiral. No tocante à natureza, diferença é o movimento das ressintetizações biológicas como um ciclo dialético da vida e da morte, em que as coisas se repetem, mas nunca como coisas iguais.

De modo que, estruturada para colocar em movimento uma natureza organizada na lei da gravidade, a cultura tecnocientífica vai dando lugar a

|154|

POLÍTICA, TÉCNICA, MEIO AMBIENTE E CULTURA

uma cultura de tipo novo, com princípio científico na biogeoquímica, já antes apontada por Vernadsky.

A década de 1970 revela este novo que está substituindo o velho. A agrônoma norte-americana Rachel Carson denuncia o envenenamento do meio ambiente e dos alimentos pela química industrial em seu livro *A primavera silenciosa*. O filósofo Jean-François Lyotard faz crítica da modernidade em sua obra *O pós-moderno*. E Jules Deleuze e Félix Guatarri, um filósofo e um psiquiatra, localizam na desterritorialização do campesinato a origem da esquizofrenia e do capitalismo como um sistema social esquizofrênico em *O Anti-Édipo*. Todos mostram a percepção da transformação dos paradigmas que já neste momento avança em suas evidências empíricas.

Dois aspectos centralizam a constituição do novo paradigma: a pesquisa que permita dar uso industrial às novas ideias consubstanciadas na ideia da biodiversidade e da bioengenharia, e as mudanças das formas espaço-temporais que regulem o trabalho na sociedade capitalista em seu momento presente. O primeiro aspecto já foi por nós estudado. E vale aqui reiterar. Refere-se à estratégia do tempo. O mundo foge rapidamente da física para a biologia. Ou, mais precisamente, caminha de forma acelerada para o encontro da biologia casada com a nova física, a biologia molecular, e o encontro imediato desta com a bioengenharia. Há, entretanto, uma determinação do tempo. Toda a estrutura material das nossas sociedades se objetiva nos artefatos produzidos no âmbito da cultura físico-mecânica, isto significando um volume extraordinário de dinheiro empatado em capital fixo, na forma das máquinas que operam nas fábricas, nos bancos, nos meios de transferência e nas fazendas, e isso hoje em escala mundial. O capital necessita desfazer-se dessa forma material para voltar à forma líquida do capital dinheiro e assim materializar-se nos tipos de artefato que venham a expressar a tecnologia da biorrevolução. E isto demanda tempo. Tempo para que a biorrevolução saia da fase da pesquisa para realizar-se tecnicamente. Quem vai pagar os custos dessa estratégia de tempo?

DA REGIÃO À REDE E AO LUGAR: A NOVA REALIDADE E O NOVO OLHAR GEOGRÁFICO SOBRE O MUNDO

Neste início de século, uma realidade nova, apoiada não mais nas formas antigas de relações do homem com o espaço e a natureza, mas nas que exprimem os conteúdos novos do mundo globalizado, traz consigo uma enorme renovação nas formas de organização geográfica da sociedade. Diante dessa nova realidade, conceitos velhos aparecem sob forma nova e conceitos novos aparecem renovando conceitos velhos.

A rede global é a forma nova do espaço. E a fluidez – indicativa do efeito das reestruturações sobre as fronteiras – a sua principal característica.

Uma mudança se pede assim na forma do olhar geográfico e do geógrafo. Mas em que consiste este olhar? E como dar-lhe contemporaneidade?

A realidade e as formas geográficas da sociedade na história

Até o advento da primeira Revolução Industrial, no século XVIII, o mundo era um conjunto de realidades espaciais as mais diversas, e as sociedades se distribuíam na infinita diversidade espacial dos gêneros de vida das civilizações. Desde então, a tecnologia industrial passa a intervir na distribuição, unificando em sua expansão área a área, um após outro esses antigos espaços.

Com o advento da segunda revolução industrial, que ocorre na virada dos séculos XIX-XX, esta intervenção é levada à escala planetária, na forma da

PARA ONDE VAI O PENSAMENTO GEOGRÁFICO?

uniformização dos modos de vida e processamentos produtivos. Os espaços são globalizados em menos de um século sob um só modo de produção, que unifica os mercados e os valores, suprime a identidade cultural das antigas civilizações e traz com a uniformidade técnica uma desarrumação socioambiental em escala inusitada. Ao rearrumar os espaços sob um só modo padrão, a uniformidade de organização destrói e prejudica o modo de vida com que a humanidade se conhecia.

Um ponto de inflexão é a década de 1950 e um outro, a década de 1970.

A região: o olhar sobre um espaço lento

Quando os geógrafos dos anos 1950 olhavam o mundo, o que viam era a paisagem de uma história humana que mal mudara de página no trânsito dos séculos XIX-XX. Viam a sombra das civilizações antigas, com suas paisagens relativamente paradas, compartimentadas e distanciadas.

Os meios de transporte e comunicação e o poder de intervenção técnica da humanidade sobre os meios ambientes só neste momento passavam a se alicerçar na tecnologia da segunda revolução industrial, interditada em seu desenvolvimento no período de entreguerras dos anos 1930-1940.

Nada mais natural, pois, que intuíssem tais geógrafos a sensação da imobilidade dos espaços e teorizassem sobre a paisagem como uma história de duração longa – tal qual viu Braudel (1989) –, eterna em suas localizações imutáveis.

É isto o que explica ter a leitura geográfica pautado-se por muito tempo na categoria da região. Era o que os geógrafos viam ainda em 1950.

A região é então a forma matricial da organização do espaço terrestre e cuja característica básica é a demarcação territorial de limites rigorosamente precisos. O que os geógrafos viam na paisagem era essa forma geral e de longa duração, e passaram a concebê-la como uma porção de espaço cuja unidade é dada por uma forma singular de síntese dos fenômenos físicos e humanos que a diferencia e demarca dos demais espaços regionais na superfície terrestre justamente por sua singularidade. Pouco importava se o dito e o visto não coincidissem exatamente.

As coisas mudavam, mas o ritmo da mudança era lento. De tal modo que se os geógrafos olhassem a paisagem de um lugar e voltassem a olhá-la décadas depois provavelmente veriam a mesma paisagem. A distribuição dos cheios e vazios, para usar uma expressão de Jean Brunhes, trocava-se com lentidão e os limites territoriais das extensões permaneciam praticamente os mesmos por longos tempos.

DA REGIÃO À REDE E AO LUGAR

A rede: o olhar sobre o espaço móvel e integrado

Nada estranho que por todo esse tempo seja o recorte regional a tradição do olhar geográfico: fazer geografia é fazer a região, dizia-se. A organização espacial da sociedade é a sua organização regional e ler a sociedade é conhecer suas regionalidades.

Uma mudança forte, entretanto, vinha há tempos ocorrendo em surdina na arrumação dos velhos espaços. Desde o Renascimento, com a retomada da expansão mercantil e o advento das grandes navegações e descobertas, uma mudança acontece na arrumação dos espaços das civilizações, recortando-as em países e estes em regiões. Esta mudança se acelera para ganhar forma definitiva com as revoluções industriais dos séculos XVIII, XIX e XX, mediante a reorganização dos antigos espaços na divisão internacional de trabalho da produção e as trocas da economia industrial. A ordem fabril que assim se institui vai dando ao espaço um modo novo de ser, regionalizado e unificado a partir da integração das escalas de mercado. Deste modo, a imagem do mundo ganha a forma desde então tornada tradicional das grandes regiões. Primeiro das regiões homogêneas, depois das regiões polarizadas. É a região adquirindo uma importância de capital significado na ordem real da organização espacial das sociedades modernas. Mas neste justo momento esta ordem espacial começa a se diluir diante da arrumação do espaço mundial em rede.

A organização em rede vai mudando a forma e o conteúdo dos espaços. É evidente que a teoria precisa acompanhar a mudança da realidade, ao preço de não mais dela dar conta. Uma vez que muda de conteúdo – já que ele é produto da história, e a história, mudando, muda com ela tudo que produz –, o espaço geográfico muda igualmente de forma. A forma que nele tinha importância principal no passado, já não a tem do mesmo modo e grau na organização no presente. Contudo, a tradição regional era tão forte que ainda por um tempo pensar-se-á os espaços das sociedades em termos regionais. A teoria da região não declina de importância, porém o papel matricial da região é cada vez menos relevante de forma-chave da arrumação dos espaços reais.

Com o desenvolvimento dos meios de transferência (transporte, comunicações e transmissão de energia), característica essencial da organização espacial da sociedade moderna – uma sociedade umbilicalmente ligada à evolução da técnica, à aceleração das interligações e movimentação das pessoas, objetos e capitais sobre os territórios –, tem lugar a mudança, associada à rapidez do aumento da densidade e da escala da circulação. Esta é a origem da sociedade em rede. Nos anos 1970, já não se pode mais desconhecer a relação em rede, que então surge, articula os diferentes lugares e age como a forma nova de

|159|

PARA ONDE VAI O PENSAMENTO GEOGRÁFICO?

organização geográfica das sociedades, montando a arquitetura das conexões que dão suporte às relações avançadas da produção e do mercado. É quando junto à rede se descobre a globalização.

A rede não é, portanto, um fenômeno novo. Recente é o *status* teórico que adquire (Dias, 1995). Imaginemos o espaço no passado, quando cada civilização constituía um território organizado a partir de um limite específico e da centralidade de uma cidade principal. De cada cidade parte uma rede de circulação (transportes, comunicações e energia) destinada a orientar as trocas entre as civilizações umas com as outras, a cidade exercendo o papel de arrumadora, organizadora e centralizadora dos territórios. Temos aí uma rede organizando o espaço. Mas não um espaço organizado em rede. Podemos dizer que a rede é um dado da realidade empírica, todavia conceitualmente não estamos diante de um espaço organizado em rede. Isto só vai acontecer recentemente.

A trajetória da rede moderna se inicia no Renascimento, com o desenvolvimento do transporte marítimo a grandes distâncias e o desenvolvimento articulado dos transportes terrestres internamente e fluviais entre os continentes. O desenvolvimento da rede de transportes estabelece uma conexão que evolui e se acelera do século XVI ao XVIII, quando então advém a Revolução Industrial e com ela a máquina a vapor, o trem e o navio moderno.

A cidade é a grande beneficiária desse desenvolvimento dos meios de transporte e comunicação trazidos pela revolução industrial. A cidade torna-se o ponto de referência de uma gama de conexões que recobre e vai deitar-se sobre o espaço terrestre como um todo numa única rede. Pode-se até periodizar a história das cidades a partir da história da rede. O século XIX é o tempo de hegemonia das cidades portuárias como Londres, Hamburgo, Nova York, Rio de Janeiro. O século XX é o tempo da cidade da rede multimodal, em que o aeroporto substitui o papel anterior do porto. Até que chegamos à cidade da rede virtual de hoje. E, assim, à sociedade em rede.

A característica da sociedade em rede é a mobilidade territorial. E o desenvolvimento da rede de circulação inicia-se num movimento de desterritorialização de homens, de produtos e de objetos, que ocorre em paralelo à evolução das cidades e das redes, periodizando o processo da montagem e do desmonte do recorte da superfície terrestre em regiões, e cuja referência à época é a reterritorialização dos cultivares.

Transportados pelos navios, cultivares de diferentes lugares de origem se difundem e se misturam nos diferentes continentes, formando com o tempo uma paisagem de culturas entrecruzadas na qual as regiões antigas não se distinguem

|160|

DA REGIÃO À REDE E AO LUGAR

mais umas das outras pelos cultivos do trigo, do café, do arroz, do milho, da batata, formando-se regiões novas com essas culturas agora mundializadas.

Cada cultivar é descolado do seu ambiente natural para ir localizar-se em outros contextos ambientais, acompanhando o desenvolvimento das comunicações e das trocas. Então, sobre a antiga paisagem dos cultivares, fundadora e constitutiva dos complexos alimentares de cada povo, cada paisagem sendo arrumada ao redor de uma cultura chave e à qual se juntam as demais culturas do complexo – como a paisagem dos arrozais do oriente asiático, do trigo-centeio do ocidente europeu e do milho-batata dos altiplanos americanos –, tão bem analisadas por Max Sorre, vai-se montando uma paisagem nova, regional.

Essa mudança da arrumação que ocorre no espaço em todo o mundo, saindo de uma espacialidade baseada num complexo agrícola para uma outra apoiada numa arrumação regional de cultivares, vindos da migração de plantas e animais oriundos de outros cantos, muda a cultura humana em cada povo, pois o resultado é uma radical troca de hábitos e regimes alimentares, alterando as relações ambientais, os gostos e os costumes desses povos.

O eixo-reitor desse rearranjo é o desenvolvimento da divisão internacional do trabalho e das trocas, em função de cujos propósitos os pedaços do espaço terrestre vão se regionalizando por produto.

De modo que sobre a malha regional assim criada pode-se vislumbrar o início da atual globalização, marcado pela escalada dos cultivares, uma escalada cultural. Estabelece-se, a partir daí, uma intencional confusão de termos, embaralhando o conceito de culturas e cultivares, que explora o próprio fato da antiga imbricação das culturas humanas enquadrada na tradição da paisagem dos cultivares. Agora, cultivar vira cultura regionalizada como veículo da colonização. E o cultivar morre dentro da cultura, de modo a se fazer prevalecer por cultura a referência cultural do colonizador, não mais a cultura dos cultivares das civilizações. Um jogo ideológico que só nos dias de hoje vem à tona, com a emergência do discurso da biodiversidade, interessado no resgate do conhecimento próprio da cultura dos antigos cultivares, para o fim de implementar a cultura técnica da engenharia genética.

Com a propagação das técnicas de transportes e comunicações próprias da segunda Revolução Industrial – encarnadas no caminhão, no automóvel, no avião, no telégrafo, no telefone, na televisão, ao lado das técnicas de transmissão de energia –, o movimento de regionalização da produção e das trocas dessas culturas introduz a relação em rede, dissolvendo as fronteiras das regiões formadas pelas migrações dos cultivares, fechando um ciclo e inaugurando uma nova fase de organização mundial dos espaços.

|161|

PARA ONDE VAI O PENSAMENTO GEOGRÁFICO?

Até que o mundo é recriado na escala globalizada, formada por uma rede de conexões territoriais intensamente mais fortes. O tecido espacial se torna ao mesmo tempo uno e diferenciado em uma só escala planetária.

O fato é que o arranjo espacial sofre uma profunda mutação de qualidade. O sentido da rede mudou radicalmente. E mudou de modo radical correspondentemente o conteúdo do conceito. O conteúdo social da rede torna-se mais explícito. E as relações entre os espaços se adensam numa tal intensidade, que densidade deixa de ser quantidade para adquirir um sentido mais significativo de qualidade. Cabe ao espaço agora o sentido da espessura: a densidade de população, por exemplo, pode ser baixa do ponto de vista da quantidade, mas alta do ponto de vista da rede de relações sociais que encarna. Assim os campos se despovoam de população, ficando, porém, ao mesmo tempo ainda mais densos de relação, mercê do aumento das atividades, da circulação e das trocas econômicas.

Com a organização em rede, o espaço fica simultaneamente mais fluído, uma vez que, ao tornar livres a população e as coisas para o movimento territorial, a relação em rede elimina as barreiras, abre para que as trocas sociais e econômicas se desloquem de um para outro canto, amplificando ao infinito o que antes fizera com os cultivares.

É então que as cidades se convertem em nós de uma trama. Diante de um espaço transformado numa grande rede de nodosidade, a cidade vira um ponto fundamental da tarefa do espaço de integrar lugares cada vez mais articulados em rede.

Ao chegarmos aos dias de hoje, em que a rede do computador é o dado técnico constitutivo dos circuitos, o espaço em rede por fim se evidencia. Então, assim como sucede com a forma geral, cada atributo clássico da geografia ganha um outro sentido. Em particular, a distância. A distância perde seu sentido físico, diante do novo conteúdo social do espaço. Vira uma realidade para o trem, outra para o avião, outra ainda para o automóvel, sem falar do telefone, da moeda digital e da comunicação pela internet, uma rede para cada qual, e o conjunto um complexo de redes.

Deste modo, quem, como Paul Virílio, diz que o tempo está suprimindo o espaço, externa uma ilusão conceitual, de vez que é o tempo que cada vez mais se converte em espaço, o espaço do tecido social complexo – um complexo de complexos, diria Sorre – seguidamente mais espesso e denso. E quem, como David Harvey, afirma uma tese de compressão do espaço-tempo, sem considerar, como Soja, o ardil com que na modernidade, desde o Renascimento, a razão subsumira o espaço no tempo físico – daí o espaço virar distância –, incorre num

|162|

DA REGIÃO À REDE E AO LUGAR

equívoco igualmente. Por isso contiguidade, a condição sem a qual a região, que sem ela não se constitui, perde o significado de antes. O fato é que intensidade e globalidade das interligações ainda mais aumentam, a mobilidade territorial mais se agiliza, a distância entre os lugares e coisas mais se encurta, a espessura do tecido espacial mais se adensa e o espaço se comprime no planeta. Então, espécie de São Tomé das ciências, o geógrafo declara extinta a teoria do espaço organizado em regiões singulares e de compartimentos fechados, e proclama realidade o espaço em rede.

O lugar: o novo olhar sobre o espaço de síntese

"Ocupar um lugar no espaço" tornou-se assim o termo forte na nova espacialidade. Expressão que indica a principalidade que na estrutura do espaço vai significar estar em rede. Fruto da rede, o lugar é o ponto de referência da inclusão-exclusão dos entes na trama da nodosidade.

Mas o que é o lugar? Podemos compreendê-lo por dupla forma de entendimento. O lugar como o ponto da rede formada pela conjuminação da horizontalidade e da verticalidade, do conceito de Milton Santos, e o lugar como espaço vivido e clarificado pela relação de pertencimento, do conceito de Yi-Fu Tuan.

Para Milton Santos, o lugar que a rede organiza em sua ação arrumadora do território é um agregado de relações ao mesmo tempo internas e externas. Atuam aqui a contiguidade e a nodosidade. A contiguidade é o plano que integra as relações internas numa única unidade de espaço. É a horizontalidade. A nodosidade é o plano que integra as relações externas com as relações internas da contiguidade. É a verticalidade. Cada ponto local da superfície terrestre será o resultado desse encontro entrecruzado de horizontalidade e de verticalidade. E é isso o lugar. O pressuposto é a rede global. Vê-se que a horizontalidade tem a ver com a antiga noção de contiguidade. Seu vínculo interno é a produção. A fábrica, as áreas de mineração e as áreas de agricultura que a ela se articulam como fornecedoras de matérias-primas e insumos alimentícios são, todos elas, pontos espaciais de interligação local promovida pelo ato do interesse solidário da horizontalidade. Cada atividade é parte de um todo orgânico local do ponto de vista da horizontalidade. E nessa condição entra como especificidade no todo orgânico do lugar.

Já a verticalidade é a combinação dos diferentes nós postos acima e além da horizontalidade. Seu veículo é a circulação, circulação de produtos, mas, sobretudo, de informações. E sua forma material é a trama da rede dos transportes, das comunicações e meios de transmissão de energia, hoje a infovia, que leva aos diferentes planos horizontais as coisas que lhe vêm de fora. Daí que cada lugar nasce diferente do outro, dando ao todo da globalização um cunho nitidamente fragmentário, já que "o lugar são todos os lugares". Condição que leva Milton Santos a dizer que é o lugar que existe e não o mundo, de vez que as coisas e as relações do mundo se organizam no lugar, mundializando o lugar e não o mundo. É o lugar então o real agente sedimentador do processo da inclusão e da exclusão. Tudo dependendo de como se estabelecem as cor-relações de forças de seus componentes sociais dentro da conexão em rede. Isto porque natureza e poder da força vêm dessa característica de ser a um só tempo horizontalidade e verticalidade. Por parte da horizontalidade, porque tudo depende da capacidade de aglutinação dos elementos contíguos. Por parte da verticalidade, da capacidade desses elementos aglutinantes se inserirem no fluxo vital das informações, que são o alimento e a razão mesma da rede (é neste momento que a contiguidade pode servir ou desservir como base do poder ao lugar).

Para Yi-Fu Tuan, lugar é o sentido do pertencimento, a identidade biográfica do homem com os elementos do seu espaço vivido. No lugar, cada objeto ou coisa tem uma história que se confunde com a história dos seus habitantes, assim compreendidos justamente por não terem com a ambiência uma relação de estrangeiros. E, reversivamente, cada momento da história de vida do homem está contada e datada na trajetória ocorrida de cada coisa e objeto, homens e objetos se identificando reciprocamente. A globalização não extingue, antes impõe que se refaça o sentido do pertencimento em face da nova forma que cria de espaço vivido. Cada vez mais os objetos e coisas da ambiência deixam de ter com o homem a relação antiga do pertencimento, os objetos renovando-se a cada momento e vindo de uma trajetória que é para o homem completamente desconhecida, a história dos homens e das coisas que formam o novo espaço vivido não contando uma mesma história, forçando o homem a reconstruir a cada instante uma nova ambiência que restabeleça o sentido de pertencimento.

Podemos, todavia, entender que os conceitos de Santos e Tuan não são dois conceitos distintos e excludentes de lugar. Lugar como relação nodal e lugar como relação de pertencimento podem ser vistos como dois ângulos distintos de olhar sobre o mesmo espaço do homem no tempo do mundo globalizado. Tanto o sentido nodal quanto o sentido da vivência estão aí presentes, mas dis-tintos justamente pela diferença do sentido. Sentido de ver que, seja como for, o lugar é hoje uma realidade determinada em sua forma e conteúdo pela rede global da nodosidade e ao mesmo tempo pela necessidade do homem de (re)fazer o sentido do espaço, ressignificando-o como relação de ambiência e de pertencimento. Dito de outro modo, é o lugar que dá o tom da diferenciação do espaço do homem – não do capital – em nosso tempo.

Com o lugar, a contiguidade e a coabitação, categorias características do espaço em região, assim se renovam. Ao mesmo tempo, o lugar se reforça com a permanência da contiguidade como nexo interno do homem com o seu espaço. Categoria da horizontalidade, a contiguidade permanece, costurando agora a centralidade do lugar como matriz organizadora do espaço, porque é coabitação e ambiência. Recria-se. Ontem, a contiguidade integrava numa mesma regionalidade pessoas diferentes, mas coabitantes do mesmo espaço. Hoje, ela é a condição da acessibilidade dos mesmos coabitantes a este dado integrador-excluidor do mundo globalizado que é a informação informatizada, mesmo que não habitem a mesma unidade de espaço. Importa que coabitem a rede.

O novo caráter da política

Mudam, assim, a natureza e o modo de fazer política. Estar em rede tornou-se o primeiro mandamento. Porque fazer política passou a significar construir um grande arco de alianças para se organizar em rede. Diz-se ocupar um lugar no espaço.

A corrida para incluir um lugar na rede a um só tempo hoje aproxima e afasta os homens. Acirra as disputas pelo domínio dos lugares e entre os lugares. Daí a valorização contemporânea do território. Lugares ou segmentos de classes inteiros podem ser incluídos, ou, ao contrário, excluídos, dos arranjos espaciais, a depender de como os interesses se aliem e organizem o acesso do lugar às informações da rede. E, deste modo, um caráter novo aparece na luta política dentro e em decorrência do que é o novo caráter do espaço, exigindo que se reinvente as formas de ação.

Até porque a rede é o auge do caráter desigual-combinado do espaço. Estar em rede tornou-se para as grandes empresas o mesmo que dizer estar em lugar proeminente na trama da rede. Para ela, não basta estar inserida. O mandamento é dominar o lugar, dominá-lo para dominar a rede. E vice-versa. Antes de mais, é preciso se estar inserido num lugar, para se estar inserido na geopolítica da rede. Uma vez localizado na rede, pode-se daí puxar a informação, disputar-se primazias e então jogar-se o jogo do poder. Entretanto, para que os interesses de hegemonia se concretizem, é preciso conjugar o segundo mandamento: é o controle da verticalidade que dá o controle da rede.

PARA ONDE VAI O PENSAMENTO GEOGRÁFICO?

A informação se torna a matéria prima essencial do espaço-rede. Indústrias que possam às vezes ter dificuldade de obter matéria prima, obtêm-na facilmente uma vez se vejam inseridas no circuito exclusivo da informação. Mais que se inserir, acessar é a regra. E, assim, de poder encontrar-se em vantagem na dianteira dos competidores. Acessa informações quem está verticalizado. O fato é que a instantaneidade do tempo virou espaço, neste mundo organizado em rede. E o vital é ser contemporâneo instantâneo e do instante. Quem só está horizontalizado pode ficar excluído do circuito, e, então, dos benefícios da informação. Assim se define o novo poder da sobrevivência.

E assim se pode explicar a reunião de países em blocos regionais, no momento mesmo que a história se despede da região como modo de arrumação. Quanto mais olhamos para o mapa contemporâneo, mais o que vemos, numa aparente contradição com um mundo globalizado em rede, é a multiplicação de blocos regionais como a UE (União Europeia), o Mercosul (União dos países do Cone Sul da América do Sul), o Nafta (União dos países da América do Norte). A região continua a existir, porém não mais na forma e com o papel de antes. Aspecto da contiguidade da rede, a região é hoje o plano da horizontalidade de cada lugar. Para entrarem em rede de modo organizado, os países lugarizam-se mediante a organização regional. Só depois saem em voo livre pela verticalidade da rede. De modo que a região virou o lugar da articulação entre os países, visando ao concerto de estratégias globais num mercado globalizado. Daí parecerem usar de formas passadas para entrar no mundo unificado em rede, seja para segurar o tranco da competição dos grandes (UE), reduzir margens de exclusão herdadas do passado recente (Mercosul) ou evitar ônus de quem desde o começo já nasceu globalizado (Nafta).

Modos de estratégia e não modos geográficos de ser, eis em suma o que hoje é a região como categoria de organização das relações de espaço. Veículo de ação de contemporaneidade e não modo estrutural de definir-se, como eram nas realidades espaciais passadas, o passado recente da divisão internacional industrial do trabalho. De qualquer modo, a região é um dado de uma estratégia de ação conjunta por hegemonias a partir do plano da horizontalidade. Logística de integração da confraria dos incluídos da verticalidade, às vezes visando à exclusão do oponente, por enxugamento (de custos, de preços, de postos de trabalho) ou marginalização (de poder de interferência, de comunicar-se em público etc), a região reciclou-se diante do novo modo de fazer política do espaço em rede.

O que são o espaço e seus elementos estruturantes

Tornou-se vital para a geografia, diante dessa nova realidade, clarificar o conceito e o papel teórico do espaço geográfico. Vejamos uma forma de entendimento.

Espaço: a coabitação

Olhando o mundo, vê-se que é formado pela diversidade. Povoa-o a pluralidade: vemos as árvores, os animais, as nuvens, as rochas, os homens. A diversidade do mundo é o que chama nossa atenção de imediato.

Na medida, entretanto, que experimentamos esta pluralidade no seu convívio mais íntimo, vem-nos a noção de que junto com a diversidade há a unidade. Uma interligação invisível entre as diferentes coisas faz que a diversidade acabe contraditoriamente se fundindo na unidade única de um só todo.

A grande pergunta a se fazer é o que leva tudo a ser diferente e ao mesmo tempo uma só unidade na realidade que nos cerca. A resposta em geografia relaciona-se com o ponto de referência do olhar segundo o qual o homem observa e se localiza dentro desse mundo e a partir daí o vê e unifica (Novaes, 1988; Buck-Morss, 2002). E o ponto de referência do olhar identifica o mundo como uma grande coabitação. Uma relação de coabitação com animais, vegetais, nuvens, chuvas e o próprio homem, para o qual tudo se relaciona num viver entre si e em relação a ele. Assim, o homem não se vê como uma figura isolada e inerte dentro dessa diversidade, porque é copartícipe. A coabitação cria o mundo como o espaço do homem.

O olhar espacial: a localização, a distribuição e a extensão

Por força da diversidade, o homem que a observa a vê em primeiro lugar como uma localização de coisas na paisagem. Cada localização fala de um tipo de solo, de vegetação, de relevo, de vida humana. Destarte, a localização leva à distribuição. A distribuição é o sistema de pontos da localização. Assim, a distribuição leva por sua vez à extensão. A extensão é a reunião da diversidade das localizações em sua distribuição no horizonte do recorte do olhar. E pela extensão a diversidade vira a unidade na forma do espaço. O espaço é, então, a resposta da geografia à pergunta da unidade da diversidade. De modo que a coabitação que une a diversidade diante de nossos olhos é a origem e a qualificação do espaço. A coabitação faz o espaço e o espaço faz a coabitação, em resumo.

PARA ONDE VAI O PENSAMENTO GEOGRÁFICO?

A ontologia do espaço: o fio tenso entre a diferença e a diferença

A noção da unidade espacial é complexa, de vez que é uma unidade de contrários: o espaço reúne a síntese contraditória da coabitação – primeiro da localização e da distribuição, a seguir da diversidade e da unidade, e por fim da identidade e da diferença – e se define como a coabitação dos contrários. O conflito, eis o ser do espaço.

Esclareçamos este ponto.

O espaço surge da extensão da distribuição dos pontos da localização. Assim, como múltiplo e uno. E o que vai determinar o primado – se o múltiplo ou o uno – na dialética da extensão é a direção do foco do olhar (Arnheim, 1990).

Se o olhar fixa o foco na localização, um ponto impõe-se aos demais e a localização arruma o plano da distribuição por referência nesse ponto. Se o olhar abrange a diversidade da distribuição, a distribuição arruma por igual o plano das localizações. O olhar focado na localização dimensiona a centralidade. O olhar focado na distribuição dimensiona a alteridade. A tensão se firma sobre essa base, opondo a identidade e a diferença. A centralidade estabelece a identidade como o olhar da referência. A alteridade estabelece a diferença.

Desta forma, o espaço se clarifica como o fio tenso de um naipe de oposições em que a centralidade e a alteridade se contraditam: a centralidade se afirma como o primado da identidade sobre a diferença e a alteridade como uma dialética da diferença e da identidade. Na centralidade, a identidade se firma pela supressão da diferença (a localização se impõe à distribuição diante do olhar). Na alteridade, a diferença coabita com a diferença (a alteridade reafirma a igual coabitação da diversidade), a identidade sendo a diferença autorrealizada. Em ambos os casos, a tensão aparece como o estatuto ontológico do espaço (Moreira, 2001 e 2006b).

A tradição trabalha com a noção da unidade como o ser do espaço por excelência, a tal ponto que é a ideia da identidade, dita identidade espacial, que está mentalizada em nós como a ideia de espaço. Seja o nome com que apareça – área, região, país ou continente –, espaço é isto, não a coabitação dos contrários, a tensão seminal: a diversidade suprimida na unidade, a diferença tensionada no padrão da repetição mecânica/identidade. Em suma, o espaço pontuado a partir da dialética do de dentro (Moreira, 1999a).

O ser do espaço: a geograficidade

O espaço surge da relação de ambientalidade. Isto é, da relação de coabitação que o homem estabelece com a diversidade da natureza. E que o homem materializa como ambiência, dado seu forte sentido de pertencimento. Este ato de pertença identifica-se no enraizamento cultural que surge da identidade com o meio, via o enraizamento territorial que tudo isto implica. Podemos notar este enraizamento quando mudamos de cidade. Na cidade nova, sentimo-nos inicialmente desidentificados e por isso desambientalizados, ressentindo-nos da falta de uma ambiência. Só quando nos familiarizamos com as casas, o arruamento, o fluxo do trânsito, um detalhe da paisagem, sua localização e distribuição, como referências de espaço, é que nos sentimos enraizados no novo ambiente.

A ambientalização é antes de tudo uma práxis. Nenhum homem se enraíza cultural e territorialmente no mundo pela pura contemplação. A experimentação da diversidade é que faz o homem sentir-se no mundo e sentir o mundo como mundo do homem. O enraizamento é um processo que se confunde com o espaço percebido, vivido, simbólico e concebido, e vice-versa, porque é uma relação metabólica, um dar-se e trazer o diverso para a coabitação espacial do homem sem a qual não há pertencimento, ambiência, circundância ambiental, mundanidade. Este dar-se e trazer é o processo do trabalho.

O trabalho é o ato do homem de ir à natureza e trazê-la para si. Assim inicia-se a ambientalização (Moreira, 2001). La Blache mostrou como este processo está na origem da constituição do homem, desde as "áreas laboratórios" (La Blache, 1954), quando pela domesticação e a seguir pela aclimatação o homem vai modificando a natureza e modificando-se a si mesmo. Nessas áreas laboratórios, o homem inicia seu processo de hominização, definido mediante seu enraizamento cultural que vai saindo da relação metabólica, fruto da relação de ambientalização e do enraizamento territorial que daí deriva. As áreas laboratórios localizam-se nas partes semiáridas e de relevo movimentado das encostas médias das montanhas do longo trecho de condições naturais semelhantes cortado pelo paralelo de 40 graus de latitude norte. Somente depois desse aprendizado, desce o homem em grupos para as "áreas anfíbias" dos vales férteis, dos grandes rios dessa faixa de área disposta do mediterrâneo europeu às portas do oriente asiático. E então dá início às grandes civilizações da história. É pelo metabolismo do trabalho, portanto, que a coabitação se estabelece, o mundo aparece como construção do homem e o espaço se clarifica como um campo simbólico com toda a sua riqueza de significados (Lefebvre, 1983). Um significado que só pode ser para o homem. Enquanto isto não acontece, a relação homem-espaço-mundo é uma duplicidade do de dentro e do de fora, até que a troca metabólica funde o homem e o mundo num mundo do homem (Moreira, 2004b e 2004c).

E é isto a geograficidade.

PARA ONDE VAI O PENSAMENTO GEOGRÁFICO?

A representação e o olhar da geografia num contexto de espaço fluido

As transformações que levam do espaço de um arranjo arrumado em matrizes regionais a um espaço de um arranjo arrumado em rede levantam o problema da linguagem.

Isto se traduz no problema da representação cartográfica, significando uma dificuldade adicional. Mas é um esforço necessário, de vez que se trata de requalificar o discurso geográfico no formato da linguagem que preserve sua personalidade histórica e dê o passo seguinte que a ponha em consonância com a nova realidade.

É disso que trataremos agora.

A dupla forma e o problema da personalidade linguística da geografia

Vimos que, embora leia a complexa realidade mutante do mundo pela janela do espaço, com a vantagem de encontrar na paisagem o instrumento privilegiado da leitura, o geógrafo nem sempre tem sabido ser contemporâneo do seu tempo. A causa, em boa parte, está na dificuldade da atualização da linguagem – em sua dupla forma da linguagem conceitual e da linguagem cartográfica – a cada novo momento de enfrentamento do real.

É fato que a linguagem geográfica deixou de atualizar-se já de um tempo. As expressões vocabulares antigas perderam a atualidade diante dos novos conteúdos e as expressões novas foram tiradas mais de outros campos de saber que da sua própria evolução histórica. Como isto aconteceu?

Há uma raiz de origem epistêmica e outra de natureza metodológica, ambas com forte viés institucional. São três geografias na prática a se atualizar, cada qual correndo habitualmente em paralelo à outra: a geografia real (da realidade que existe fora de nós), a geografia teórica (da leitura desse real) e a geografia institucional (a dos meandros institucionais). Há uma realidade externa a nós, que é o fato de a humanidade existir sob uma forma concreta de organização espacial. E há a representação dessa realidade capturada por meio de sua formulação teórica. Isto estabelece na geografia uma diferença entre realidade e conhecimento, com a tradução dupla do real e do lido, que nem sempre se relacionam numa consonância. Ainda existe, porém, a geografia materializada institucionalmente e prisioneira do seu cotidiano.

Não é isto uma propriedade da geografia, mas dos saberes, uma vez ser a ciência uma forma de leitura do mundo real que usa como recurso próprio o expediente das representações conceituais, fazendo-o em ambientes fortemente formalizados, como as instituições de pesquisa e a universidade. Se este

DA REGIÃO À REDE E AO LUGAR

múltiplo não é uma exclusividade do saber geográfico, há nele, entretanto, a situação específica do fato de que raramente em sua história estas três geografias coincidem, raramente se encontram, raramente se confundem.

A década de 1950 é um raro momento de encontro. Quando os geógrafos daquela década falam do mundo real, a geografia teórica o representa com uma precisão suficiente para que as pessoas que os ouvem se sintam como se estivessem vendo o que falam, não sentindo propriamente diferença entre o que ouvem falar e o que vêm. Tal é o que se percebe nos textos de Pierre George, para ficarmos num exemplo conhecido, acerca dos espaços agrários ou dos espaços industriais da França ou de qualquer outro contexto regional do mundo. A geografia é um saber descritivo, um saber que olha e fala do mundo por meio da paisagem, e o faz numa tal correspondência que as pessoas saem das aulas, andam pelos espaços do mundo, e olhando estes espaços se lembram das lições do professor de geografia. Era a vantagem de trabalhar com a paisagem.

Tal não é o que se dá em nosso tempo. Muito raramente acontece de quando hoje as pessoas olham a organização dos espaços se lembrem do seu professor de geografia. Falta a identidade entre o que ele falou e o que se está vendo.

Por que isto aconteceu?

O fixo e o fluxo

Uma grande transformação aconteceu primeiramente com as paisagens. Aquela mutação lenta que ainda nos anos 1950 permitia ao geógrafo explicar o mundo com ela desapareceu rapidamente diante da evolução da técnica e das formas de organização do espaço. E a paisagem tornou-se fluida.

É consenso, no plano mais geral, que a geografia lê o mundo por meio da paisagem. A história usa recursos mais abstratos. Pode usar a paisagem, mas não depende dela. A sociologia também. O geógrafo, entretanto, não vai adiante sem o recurso da paisagem à sua frente.

Como decorrência, isto faz da linguagem da geografia uma linguagem por essência colada justamente a este seu dado real que é a paisagem geográfica. Ora, a transfiguração do espaço da região no espaço em rede característica de nosso tempo só lentamente vem sendo traduzida numa linguagem mais contemporânea de paisagem.

A paisagem foi capturada pela mobilidade contínua da TDR (territorialização-desterritorialização-reterritorialização), no dizer de Raffestin (1993), e é precisamente isso que, contrariamente ao período dos anos 1950, caracteriza o espaço de nosso tempo.

PARA ONDE VAI O PENSAMENTO GEOGRÁFICO?

Há, porém, uma segunda componente nessa defasagem das três geografias: o foco do olhar na localização, ou seja, no fixo e não no fluxo. Brunhes ensinava que o espaço é uma alternância de cheios e vazios. E que a distribuição é redistribuição. Segundo ele, cheios e vazios trocam de posição entre si no andar do tempo, de modo que o que hoje é vazio, amanhã é cheio, e o que hoje é cheio, amanhã é vazio. Sob a forma dessa bela metáfora, Brunhes está dizendo que o espaço tem um caráter dinâmico, como numa tela de um filme no cinema. E que devemos vê-lo por isso em seu movimento. Significa, portanto, priorizar o olhar da distribuição, quando temos priorizado o olhar da localização. A apreensão da dinâmica de redistribuição só é possível com foco no aspecto dinâmico que é a distribuição.

Não foi, entretanto, esse modo de entender que prevaleceu, mas sim a noção de que fazer geografia é localizar. Toda a ênfase foi dada à localização, nos fazendo perder a percepção do movimento da redistribuição da própria localização. Privilegiamos o olhar fixo, porque em benefício da afirmação da centralidade. Afinal, La Blache dizia que a geografia é a repetição e a permanência. Contrariamente a Brunhes, que sugere o olhar da redistribuição. O olhar do espaço como movimento, em que se privilegia a fluidez.

Não se atentou para o quanto de revolucionário havia no pensamento de Brunhes. Raros viram a necessidade de fundar a leitura geográfica na categoria do movimento como ele. E optaram pela alternativa conservadora de calcá-la na categoria do imóvel. Somente hoje, quando nos damos conta da diferença, percebemos o quanto o olhar do fluxo contém de dinamicidade. Por isso, ao falar de fixos e fluxos como categorias de apreensão do movimento do espaço, Milton Santos recria de maneira magnífica a teoria dos cheios e vazios de Brunhes.

Foi inclusive a incongruência do primado da categoria da localização sobre a categoria da distribuição que não nos permitiu ver a tempo o esclerosamento do conceito de região diante do espaço em rede que estava se formando.

O problema cartográfico da geo graphia

E foi ela que igualmente não nos permitiu ver o envelhecimento e desatualização da velha cartografia. Preparada para captar realidades pouco mutáveis, essa cartografia se tornou inapropriada para representar a realidade do espaço fluido.

A geografia lê o mundo por meio da paisagem. A cartografia é a linguagem que representa a paisagem. Este elo comum perdeu-se no tempo, e não por acaso ficaram ambas desatualizadas. Não houve atualização para uma e para outra. Até porque a iniciativa está com a geografia.

Vejamos por quê.

Paisagem é forma. Forma é forma do conteúdo. Mudando o conteúdo, muda também a forma. Embora a forma sempre mude mais lentamente, a mudança de conteúdo só pode ser realizada se a forma o acompanha em seu movimento. Há uma contradição nos ritmos de mudança entre a forma e o conteúdo que, deixada entregue à sua espontaneidade, o conteúdo vai para frente e a forma fica para trás. A contradição se resolve pela aceleração da mudança da forma.

É onde entra a função da geografia. Primeiro é preciso saber ler essa dialética. E em segundo lugar, é preciso poder representá-la com a máxima fidelidade possível. A primeira exigência é atendida com a linguagem do conceito. A segunda, com a linguagem da representação cartográfica. A finalidade é mexer na forma, de modo a compatibilizá-la com a contemporaneidade do conteúdo. E isto em caráter permanente. A cartografia instrumenta esse poder. Mas antes a geografia deve atualizá-la nessa função.

A perda da correlação, exatamente, foi isto o que aconteceu. Centrada no enfoque estático da localização dos fenômenos, a geografia fixou a cartografia nesse campo. Escapou-lhe, porém, o momento do desencontro, de um lado, entre a forma e o conteúdo, e, de outro, entre a paisagem e a realidade mutante. Assim, não renovou sua linguagem conceitual. E ficou impossibilitada de orientar a renovação da linguagem representacional da cartografia. A correlação geografia-cartografia não se deu. A geografia teórica perdeu o passo da geografia real de uma forma abismal. Transportou então este mal para o campo da cartografia.

É quando se evidenciam as duas razões da defasagem: a metodológica, isto é, o fato de a geografia ler o mundo por meio de um recurso que se defasa continuamente; e a epistemológica, ou seja, a natureza altamente mutante da técnica da representação em nossa era industrial. O problema metodológico logo se sobrepõe ao problema epistemológico (Moreira, 1994).

Os lugares da recuperação

Num lugar, todavia, o uso da correlação guardou um pouco do seu frescor: a escola. Isto embora a linguagem do conceito tenha evoluído e a linguagem da representação cartográfica tenha se estagnado, a segunda aumentando a já forte defasagem em relação às formas reais do espaço que representa.

O fato é que na escola o mapa é ainda o símbolo e a forma de linguagem reconhecida da geografia. E por isto mesmo os programas escolares começam com as noções e expressões vocabulares da representação cartográfica. A

PARA ONDE VAI O PENSAMENTO GEOGRÁFICO?

leitura do mundo se faz por intermédio das categorias da localização e da distribuição, mesmo que como problema do primado da primeira sobre a segunda, as categorias da distribuição e da extensão entrando para o fim da montagem do discurso do geográfico como a unidade espacial dos fenômenos. Aí ainda aprendemos ritual banal do trabalho geográfico: localizando-se e distribuindo-se é que se mapeia o mundo. E que todo trabalho geográfico consiste na sequência clássica: primeiro, localiza-se o fenômeno; depois, monta-se a rede da sua distribuição; a seguir, demarca-se a extensão; por fim, transporta-se a leitura para a sua representação cartográfica. Mas tudo sendo verbalizado ainda na linguagem do mapa.

O mapa é o repertório mais conspícuo do vocabulário geográfico. E trata-se da melhor representação do olhar geográfico. O mapa é a própria expressão da verdade de que todo fenômeno obedece ao princípio de organizar-se no espaço. Todo estudo ambiental, por exemplo, é o estudo de como a cadeia dos fenômenos arruma seu encadeamento na dimensão do ordenamento territorial, um fato que começa na localização, segue-se na distribuição e culmina na extensão por meio da qual se classifica como um ecossistema. Do contrário, não haveria como. O mesmo acontece com o estudo de uma cidade, da vida do campo, da interação de montante e jusante da indústria, dos fluxos de redistribuição das formas de relevo, da alteração do desenho das bacias fluviais e das articulações do mercado. Eis por que o historiador trabalha com mapa, sem que tenha de ser geógrafo. Também o sociólogo. E igualmente o biólogo. Todos, mas necessariamente o geógrafo. O mapa é o fiel da sua identidade. Todo professor secundário sabe disso. E o mantém e reforça.

É preciso, pois, reinventar a linguagem cartográfica como representação da realidade geográfica. E reiterar o pressuposto de a linguagem cartográfica ser a expressão da linguagem conceitual da geografia. Afinal, olhando a legenda dos mapas, signos e realidade do espaço geográfico, vemos: formas de relevo, tipos de clima, densidade de população, tipos de bacia hidrográfica, formas de cidade, núcleos migratórios, coisas da paisagem que simplesmente transportamos mediante uma linguagem própria para o papel. De modo que as nervuras do mapa são as categorias mais elementares do espaço: a localização, a distribuição, a extensão, a latitude, a longitude, a distância e a escala, palavras do fazer geográfico.

O reencontro das linguagens é, assim, o pressuposto epistemológico da solução do problema da geografia. Pelo menos por duas razões. Primeira: a geografia afastou-se fortemente da linguagem cartográfica, agravando o afastamento entre a geografia teórica e a geografia real. Segunda: a linguagem

|174|

cartográfica que usamos está desatualizada, já nenhuma relação mantendo com a realidade espacial contemporânea.

A solução supõe, todavia, trazer a cartografia para o seio da geografia. A geografia ficou com o conteúdo e perdeu a forma. E a cartografia levou a forma e ficou sem conteúdo. Nessa divisão de trabalho reciprocamente alienante e estranha, a cartografia virou uma forma sem conteúdo e a geografia um conteúdo sem forma. Diante de um espaço de formas de paisagens cada vez mais fluidas, a ação teórica da geografia não poderia dar senão numa pletora de desencontros: desencontro da geografia e da cartografia frente ao desencontro da forma-paisagem com o conteúdo-espaço. Faltou aí uma teoria da imagem num tempo de espaços fluidos.

Da cartografia cartográfica à cartografia geográfica

Reinventar a cartografia hoje é, portanto, criar uma cartografia geográfica. Afinal, o que está velho são os signos e significados guardados no mapa.

A velha cartografia fala ainda a linguagem das medidas matemáticas que longe estão de serem o enunciado de algum significado. As cores e os símbolos nada dizem. É uma cartografia cuja utilidade está preservada para alguns níveis, mas pouco serve para os níveis de significação. Permanece fundamental à leitura geográfica das localizações exatas, mas não para a leitura do espaço dinâmico das redistribuições de espaços fluidos. Serve para representar e descobrir significados dos espaços dos anos 1950. Contudo não tem serventia para ler os espaços de um novo milênio. É uma cartografia ainda necessária, todavia não mais suficiente.

No entanto, os parâmetros de uma cartografia geográfica já estão postos: estão presentes na linguagem semiológica das novas paisagens. Mapear o mundo é antes de tudo adequar o mapa à essência ontológica do espaço. Representar sua tensão interna. Revelar os sentidos da coabitação do diverso. Falar espacialmente da sociedade a partir da sua tensão dialética. Mas tudo é impossível, repita-se, sem uma semiologia da imagem.

Para uma cartografia geográfica

A geograficidade é o que, no fundo, a geografia clássica de Ritter e Humboldt busca apreender, representar e, assim, por intermédio da geografia, clarificar como prática consciente do homem. A grande limitação da cartografia corrente – mesmo a semiologia gráfica – é a linguagem que leve a isto. Uma alternativa foi aberta por Lacoste com o conceito de espacialidade diferencial, um conceito muito próximo da visão corológica e da individualidade

PARA ONDE VAI O PENSAMENTO GEOGRÁFICO?

regional de Ritter, e, na formulação, muito próxima também do conceito de diferenciação de área de Hettner, com a vantagem de vir como uma proposta de escala. E, destarte, a caminho de uma linguagem da geograficidade. Conceito, por sinal, com que Lacoste, além de Dardel, trabalha.

A espacialidade diferencial articula porções de espaço, semelhantemente aos recortes ritterianos, que Lacoste designa por conjuntos espaciais. Cada fenômeno forma um conjunto espacial em seu recorte. Há um conjunto espacial clima, solo, população, agropecuária, cidade etc. O limite territorial de cada conjunto numa área de recorte comum não coincide normalmente, uns sendo mais extensos e outros mais restritos, formando-se um complexo entrecruzamento nessa superposição, que é a matéria-prima da espacialidade diferencial. A paisagem depende, assim, do ângulo do olhar de quem olha, que toma um dos conjuntos espaciais como referência do olhar, e vê, em consequência, a paisagem pelo olhar de referência. Como em um holograma. Daí que cada conjunto espacial resulta numa forma de paisagem, cada qual servindo como nível de representação e nível de conceitualização.

Cada complexo de paisagem faz interligação com os complexos vizinhos mediante a continuidade-descontinuidade de cada um e de todos os conjuntos espaciais, alargando a espacialidade diferencial para o todo da superfície terrestre, numa sequência de entrecruzamentos que lembra o conceito de diferenciação de áreas de Hettner – visto, porém, no formato do complexo de complexos de Sorre –, a superfície terrestre se organizando como um todo combinado de continuidade e descontinuidade faz dela mais que um simples mosaico de paisagens e algo muito distanciado conceitualmente de uma sequência horizontal de regiões diferentes e singulares.

Lacoste expressa certamente a influência do relativismo de Einstein nessa atribuição do conceito de paisagem e de superfície terrestre ao movimento do olhar. E lembra o conceito de espaço de Lefebvre (1981 e 1983) nessa combinação de espaço e representação, que acaba por ser o conceito de espacialidade diferencial.

Além disso, retira o conceito de escala do entendimento puramente matemático da cartografia cartesiana tradicional e o remete a uma concepção qualitativa (sem dispensar a abordagem quantitativa), permitindo renovar a linguagem da cartografia, a partir da renovação da linguagem da geografia, numa nova semiologia. Assim, o espaço bem pode ser um todo de relações entrecruzadas, cada porção espacial – o território – se identificando por uma espessura de densidade de relações diferente, umas com um tecido espacial mais espesso e outras mais modestas, inovando o conceito de densidade, *habitat*, ecúmeno, sítio, entre outros da geografia clássica, por tabela, sem contar com a constituição da paisagem e da imagem como conceitos, a partir da teoria que dê conta de cada uma delas na hora de virarem discurso de representação cartográfica.

Abre então para a possibilidade de introduzir esse novo viés cartográfico – a cartografia de um espaço visto como uma semiologia de real significação –, compreender o espaço como modo de existência do homem, incluindo-o como um elemento essencial de sua ontologia, e permitir ao homem mais do que estar, ver e pensar o espaço como seu modo de ser.

DE VOLTA AO FUTURO

A organização do espaço como uma rede global e fundada na era técnica da engenharia genética repõe a problemática dos criadores da geografia dos séculos XVIII-XIX. O todo é hoje a rede global e a parte, os bioespaços.

Este caráter de bioespaço do pedaço de espaço obriga o todo da rede a reconsiderar-se como a superfície terrestre. É como se o futuro já se apresentasse, mas com uma cara de retorno ao passado.

E pensar o futuro como uma volta ao passado pede o trajeto semelhante ao passado pensado.

Humboldt, Vernadsky e o homem metabólico de Marx

Foi Humboldt quem considerou o planeta como uma combinação de três esferas, integradas pelo movimento de síntese das esferas extremas pela esfera do meio. Vale a pena retomar o trecho do *Cosmos* em que Humboldt resume este conceito da terra como um todo contemplado por meio da geografia das plantas:

> Deve ser lembrado, entretanto, que a crosta inorgânica da terra contém dentro de si os mesmos elementos que entram na estrutura dos órgãos animal e vegetal. Por conseguinte, a cosmografia física seria incompleta se omitisse considerações dessa importância, e das substâncias que entram nas

PARA ONDE VAI O PENSAMENTO GEOGRÁFICO?

combinações fluidas dos tecidos orgânicos sob condições que, em virtude de ignorarmos a sua natureza real, designamos pelo termo vago de "forças vitais", grupando-as dentro de vários sistemas, de acordo com analogias mais ou menos perfeitamente concebidas. A natural tendência do espírito humano, involuntariamente, nos impele a seguir os fenômenos físicos da Terra através de toda a variedade de suas fases, até atingirmos a fase final da evolução morfológica das formas vegetais, e os poderes conscientes do movimento nos organismos dos animais. Assim, é por tais elos que a geografia dos seres orgânicos – plantas e animais – se liga com os esboços dos fenômenos inorgânicos de nosso globo terrestre. (apud Tatham, 1959, p. 216)

É no mínimo impressionante que este modo de ver a dinâmica da natureza do/no planeta – hoje tão atual – não fez a carreira da geografia moderna. Acompanhando o percurso de Humboldt, já sabemos onde vai dar a cadeia da relação orgânico-inorgânico (biótico-abiótico) sob a mediação do orgânico: na síntese da vida humana.

Vernadsky é nisso explícito. Repitamos a síntese de Sahtouris:

Vernadsky classificou a vida como "uma dispersão das rochas", porque ele a entendia como um processo químico, que transformava rocha em matéria viva altamente ativa e vice-versa, fragmentando-a e movendo-a de um lado para outro em um processo cíclico infinito. A visão vernadskyana é apresentada neste livro como o conceito de vida na forma da rocha em reajuste, agrupando-se na forma de células, acelerando suas transformações químicas com enzimas, alterando as radiações cósmicas em energia própria, transformando-se em criaturas cada vez mais evoluídas e voltando à forma rochosa. Esta visão de matéria viva como uma incessante transformação química da matéria não viva é bastante diferente da visão de vida desenvolvendo-se em um planeta inanimado, adaptando-se a ele.(Sahtouris, 1991, p. 72)

Complete-se estas teorias combinadas de Humboldt e Vernadsky com a visão ambiental de equilíbrio que este processo biogeoquímico confere ao planeta, na síntese que a mesma autora faz da tese gaia de James Lovelock, também anteriormente citada:

Então, o cientista inglês independente, James Lovelock, que trabalhou na NASA durante os trabalhos de busca por vida em Marte, desconhecendo o trabalho de Vernadsky, chocou o mundo científico quando insinuou que o ambiente geológico não é apenas o produto e resíduo da vida passada, mas também uma criação ativa das criaturas vivas. Organismos vivos, declarou Lovelock, renovam e regulam continuamente o equilíbrio do ar, dos mares e do solo, de modo a assegurar a continuidade de sua existência. (Sahtouris, 1991, p. 72)

Substitua-se os "organismos vivos" de Lovelock e a "geografia das plantas" de Humboldt pelo homem, "uma criatura cada vez mais evoluída", e teremos a teoria dos refúgios de Aziz Ab'Sáber.

E a ponte mais significativa nesse ponto é Marx, seu conceito do trabalho como a relação metabólica homem-natureza, levando o raciocínio das esferas para a esfera do ser social (Lukács, 1979; Lessa, 1997), o homem como sujeito-objeto que opera o salto de qualidade da história natural em história social, hominizando-se a si mesmo nesse processo. Repitamo-lo também:

> Antes de tudo, o trabalho é um processo de que participam o homem e a natureza, processo em que o ser humano impulsiona, regula e controla com sua própria ação seu intercâmbio material com a natureza. Defronta-se com a natureza como uma de suas forças. Põe em movimento as forças naturais do seu corpo, braços e pernas, cabeça e mãos, a fim de apropriar-se dos recursos da natureza, imprimindo-lhes forma útil à vida humana. Atuando assim sobre a natureza externa e modificando-a, ao mesmo tempo modifica sua própria natureza. (Marx, 1968, p. 202)

Note-se a interação entre as três esferas, mediada agora pelo homem em sua práxis do trabalho, e o meio ambiente como um movimento de autorregulação da natureza, de que faz parte autorreguladora o próprio homem, e temos um terreno imenso de chão para progredir nas ideias que hoje se abrem com o retorno à superfície terrestre como objeto da geografia.

Sorre, La Blache, Milton Santos e o bioespaço

Max Sorre caracterizava a superfície terrestre como uma sucessão de complexos (complexos alimentares, complexos técnicos, complexos culturais), um complexo de complexos que o capitalismo mundializado organizou num conjunto de espaços derivantes e espaços derivados (Sorre, 1961).

Sorre poderia estar falando do espaço planetário como uma rede entrecortada de bioespaços.

A organização do espaço social dos homens foi vista por muito tempo pelos lablacheanos como Sorre qual um gênero de vida. E que na contemporaneidade o sorreano Milton Santos vê como um meio técnico. Amplia-se aqui o foco do retorno ao futuro.

PARA ONDE VAI O PENSAMENTO GEOGRÁFICO?

Tanto o gênero de vida quanto o meio técnico partem do mesmo princípio e composição de elementos (Moreira, 2005). Trata-se de uma combinação de meio geográfico, técnica e população. O meio geográfico origina e ao mesmo tempo é originado por uma cultura técnica (o complexo técnico de Sorre) que a população cria no processo de conversão do meio geográfico em meio e modo de vida. A argamassa desse todo é o sistema de normas e regras por intermédio das quais a população regula a totalidade das convivências. Sorre investigou essas regulações nos gêneros de vida das populações do Mediterrâneo europeu acossadas pela escassez da água e premidas a ter de administrar com regras e normas de uso e acesso coletivos a relação com o meio geográfico. E analisou pelo mesmo prisma o gênero das modernas cidades.

Há uma diferença no gênero de vida e no meio técnico que decorre precisamente da situação da técnica (ou da técnica como situação no conceito de George) e nos esquemas da regulação, estas decorrentes da necessidade de administrar a alienação do meio geográfico originada por aquela.

Um paralelo entre os espaços vividos dos tempos do artesanato e da fábrica nos esclarece essa diferença. A relação ambiental do tempo do artesanato tinha as dimensões da natureza da economia e das relações técnicas que lhe são correspondentes. Trata-se de uma economia autônoma e familiar, que não transborda os limites territoriais do entorno rural a que pertence. A tecnologia empregada só permite o uso de matérias-primas facilmente dúcteis, as relacionadas ao mundo vivo das plantas e animais, do mundo mineral quando muito a argila, para os fins da cerâmica, com certas incursões na metalurgia de alguns poucos metais. Isto determinava o horizonte e o nível da relação com o meio ambiente, e assim a forma de percepção e o conceito de natureza e a ideia de mundo existente. O mundo coincidia com o entorno e a vida prática da transformação artesanal, levando os homens a um espaço vivido como uma relação em que reciprocamente se viam e ao mundo circundante como um só. O mundo era aquele formado pelas plantas e animais que formavam a lida na agricultura, na pecuária e nas atividades do extrativismo, que, no inverno, se traduziam nas matérias de transformação em produtos de artesanato em âmbito caseiro, e falava de uma natureza viva, habitada por seres que tinham, como o homem, uma história de nascimento, crescimento, morte e renascimento, numa perfeita identidade de acontecimentos.

A manufatura moderna dará início a uma mudança nessa forma de percepção e relacionamento, trazendo o começo de quebra do sentido de reciprocidade e uma atitude nova diante do espaço. As relações espaciais transbordam progressivamente do entorno imediato vivido, colocando os homens

DE VOLTA AO FUTURO

numa convivência com matérias-primas e alimentos chegados de lugares cada vez mais distantes e desconhecidos, alterando as anteriores referências e o sentido de reciprocidade de mundo. São as necessidades da manufatura e das trocas no mercado que paulatinamente comandam o cotidiano e a vida prática, criando uma nova forma de práxis espacial. A presença imperiosa do maquinismo no cotidiano da indústria, da lida no campo, da circulação entre os lugares e da vida na cidade em crescimento levam a uma forma de percepção a atitudes que vai introduzindo na mente dos homens uma imagem de natureza e de mundo cada vez mais parecida com a engrenagem das máquinas, cujo melhor exemplo é o relógio, que vai dominando o meio e os modos de vida. O utilitarismo do mercado, impregnando a indústria e as atividades primárias do campo de sua ideologia de vida prática, propicia o surgimento de uma concepção físico-mecânica que organiza, na uniformidade desse parâmetro, o mundo do homem, do espaço terrestre ao espaço celeste, como uma mesma engrenagem, dele fazendo uma nova filosofia e com isto uma nova forma de cultura.

A fábrica consolida essa cultura utilitária e materializa via revolução industrial a sociedade como um mundo da técnica, introduzindo a forma de percepção e atitudes que domina a relação de mundo que temos hoje em nosso tempo. O veículo é a irradiação dos valores da organização fabril como o modo de vida dos homens em uma escala cada vez mais planetária, mediante a transformação da tecnologia da repetição mecânica numa forma paradigmática de ação tecnológica e de arrumação dos espaços. A escala de espaço assim constituída acaba por afastar totalmente os homens do entorno ambiental do seu lugar imediato, criando um espaço vivido de objetos de consumo e de valores de cotidiano absolutamente técnicos e vindos de todos os cantos do mundo, abolindo de vez a experiência de identidade e pertencimento local que desde a manufatura vinha se desenvolvendo, introduzindo como modo de vida humano um espaço de vivência de conteúdo cada vez mais artificial e mais técnico. A reprodução do cotidiano e a reprodução da vida deixam de ser o mesmo processo, deixando a vida de ser também o centro de referência da percepção da natureza para ceder lugar aos objetos inorgânicos de uma civilização mineralógica, sem nenhuma identidade humana.

O recurso ao emprego da bioengenharia como que tende a restabelecer alguns elos dos antigos espaços vividos, fazendo surgir nas próximas décadas uma espacialidade no formato sorreano, o espaço readquirindo o caráter de um complexo de gêneros de vida por intermédio dos bioespaços.

A engenharia genética é uma técnica de intervenção no meio geográfico com a capacidade de modificá-lo e ao mesmo tempo articulá-lo na rede do

PARA ONDE VAI O PENSAMENTO GEOGRÁFICO?

espaço global. Dotada também da propriedade de regular o efeito ambiental, justamente por ser uma tecnologia capaz de interação autorregenerativa – coisa impossível para a tecnologia da repetição mecânica –, e de fazê-lo no recorte dos biomas como base corológica.

Vem daí a sua capacidade de resgate dos gêneros de vida das teorias de La Blache, porém organizados agora nos moldes do meio tecnocientífico de Milton Santos. A técnica tende a voltar a possuir a correspondência com o meio geográfico dos gêneros de vida, mas sua matriz originária é a tecnologia global emanada dos grandes centros hegemônicos e destinada ao benefício da acumulação do capital globalizado. Donde que a regulação também difira, vindo de fora (a verticalização) com o intuito de manter o equilíbrio do ecossistema do bioespaço ao tempo que o equilíbrio do processo acumulativo.

A sociabilidade e as categorias geográficas: reemergências

Por isso mesmo, nunca a relação territorial das classes e grupos sociais foi tão atravessada de tensão como agora. As grandes corporações de empresas – beneficiadas pela política de reestruturação que privatiza e elimina as fronteiras regionais e nacionais dos Estados, privatizando com isso a administração dos espaços (Moreira, 2004a e 2006b) – avançam sobre o território e o saber tradicional das comunidades que vivem ainda na lógica dos antigos modos e gêneros de vida, tensionando suas territorialidades.

Ao mesmo tempo, de um lado e do outro, já se prenunciam – e por essa razão – os indícios do formato bioespacial dos novos arranjos geográficos, manifestos seja na introdução do uso pesado da bioengenharia pelas grandes empresas em suas atividades tanto de bioindústria quanto de agropecuária, seja pela revalorização que a nova era técnica traz aos conhecimentos e usos biotecnológicos dos velhos gêneros de vida sobreviventes (Souza Santos, 2002; Lander, 2005; Leff, 2001 e 2004), capitalismo e não capitalismo se defrontando de novo na história sob uma qualidade de práxis inesperada.

São as velhas categorias geográficas que resultaram na geografia das civilizações que com eles renascem. E a superfície terrestre – o espaço do homem – como objeto.

BIBLIOGRAFIA

Ab'Sáber, Aziz Nacib. O pantanal mato-grossense e a teoria dos refúgios. *Revista Brasileira de Geografia*. Rio de Janeiro, n. 50, 1988.

_____. *Os domínios de natureza no Brasil*: potencialidades paisagísticas. São Paulo: Ateliê, 2003.

Acot, Pascal. *História da ecologia*. Rio de Janeiro: Campus, 1990.

Arnheim, Rudolf. *O poder do centro*: um estudo da composição nas artes visuais. Lisboa: Edições 70, 1990.

Bettanini, Tonino. *Espaço e ciências humanas*. Rio de Janeiro: Paz e Terra, 1982.

Biteti, Mariane de Oliveira. A geografia do trabalho em Pierre George. *Ciência Geográfica*. Bauru, vol. IX, n. 3, ano IX, 2004.

Boorstin, Daniel J. *Os descobridores*. Rio de Janeiro: Civilização Brasileira, 1983.

Braudel, Fernand. *A identidade da França. Espaço e história*. Vol. 1. Rio de Janeiro: Globo, 1989.

Brockman, J. *Einstein, Gertrude Stein, Wittgenstein e Frankenstein*: reinventando o universo. São Paulo: Companhia das Letras, 1988.

Brunhes, Jean. *Geografia humana*: edição abreviada. Rio de Janeiro: Fundo de Cultura, 1962.

Buck-Morss. *Dialética do olhar*: Walter Benjamin e o projeto das passagens. Belo Horizonte: UFMG/Argos, 2002.

Burtt, Edwin A. *Bases metafísicas da ciência moderna*. Brasília: UnB, 1989.

Buttimer, Anne. Apreendendo o dinamismo do mundo vivido. In: Christofoletti, Antonio (org). *Perspectivas da geografia*. São Paulo: Difel Difusão, 1985.

PARA ONDE VAI O PENSAMENTO GEOGRÁFICO?

CANGUILHEM, Georges. *Ideologia e racionalidade nas ciências da vida*. Lisboa: Edições 70, s/d.

CAPRA, Fritjof. *As conexões ocultas*: ciência para uma vida sustentável. São Paulo: Cultrix, 2002.

CARLOS, Ana Fani Alessandri. *O lugar no/do mundo*. São Paulo: Hucitec, 1996.

CARVALHO, Marcos Bernardino. Geografia e complexidade. In: SILVA, Aldo A. Dantas; GALENO, Alex (orgs.). *Geografia, Ciência do Complexus*. Porto Alegre: Sulina, 2004.

_____. *O que é natureza*. São Paulo: Brasiliense, 1989. (Coleção Primeiros Passos, n. 243).

CASSIRER, Ernst. *La filosofia de la ilustración*. México: Fondo de Cultura Económica, 1984.

_____. *El problema del conocimiento*. 4 vols. México: Fondo de Cultura Económica, 1986.

CHRISTOFOLETTI, Antonio (org). *Perspectivas da geografia*. 2ª ed. São Paulo: Difel, 1985.

CHRISTOFOLETTI, Anderson Luís H. Sistemas dinâmicos: as abordagens da teoria do caos e da geometria fractal em geografia. In: *Reflexões Sobre a Geografia Física no Brasil*, 2004.

CIPOLLA, Carlo. *História econômica da população mundial*. Lisboa: Editora Ulisseia, 1962.

CLAVAL, Paul. *Evolución de la geografia humana*. Barcelona: Oiko-Tao, 1974.

CORRÊA, Roberto Lobato. Geografia brasileira: crise e renovação. In: MOREIRA, Ruy (org.). *Geografia*: teoria e crítica, o saber posto em questão. Rio de Janeiro: Vozes, 1982.

_____. Geografia cultural: passado e futuro – uma introdução. In: ROSENDAHL, Zeny e CORREA, Roberto Lobato (orgs). *Manifestações da cultura no espaço*. Rio de Janeiro: UERJ, 1999.

COSTA, Wanderley Messias. *Geografia política e geolítica*. São Paulo: Hucitec/Edusp, 1992.

DELÉAGE, Jean-Paul. *História da ecologia*. Lisboa: Dom Quixote, 1993.

DENIS, Henri. *História do pensamento econômico*. Lisboa: Livros Horizonte, s/d.

DERRUAU, Max. *Geografia humana*. 2 vols. Lisboa: Presença, 1973.

DIAS, Leila Christina. Redes: emergência e organização. In: CASTRO, Iná Elias; GOMES, Paulo César da Costa; CORRÊA, Roberto Lobato (orgs.). *Geografia*: conceitos e temas. Rio de Janeiro: Bertrand Brasil, 1995.

ENGELS, Friedrich. *A dialéctica da natureza*. Lisboa: Presença, 1978.

FEBVRE, Lucien. *A Terra e a evolução humana*. Lisboa: Cosmos, 1954. (Coleção Panorama da Geografia, vol. II).

FOUCAULT, Michel. *As palavras e as coisas*: uma arqueologia das ciências humanas. São Paulo: Martins Fontes, 1985.

_____. *Arqueologia do saber*. Rio de Janeiro: Forense – Universitária, 1986.

FREUND, Julien. *A teoria das ciências humanas*. Lisboa: Sociocultur, Divulgação Cultural, 1977.

GEORGE, Pierre. *Geografia econômica*. Rio de Janeiro: Forense, 1965.

_____. *Geografia da população*. São Paulo: Difel, 1986.

BIBLIOGRAFIA

_____. Problemas, doutrina e método. In: GEORGE, Pierre. *A geografia ativa*. São Paulo: Difusão Europeia do Livro, 1973.

_____. *Os métodos da geografia*. São Paulo: Difel/Difusão, 1978.

_____. *A ação do homem*. São Paulo: Difel, s/d.

GEYMONAT, Ludovico. *Historia de la filosofia e de la ciencia*. 3 vols. Barcelona: Crítica, 1985.

GOHAU, Gabriel. *História da geologia*. Sintra: Publicações Europa-América, s/d.

GOLDFARB, Ana M. Alfonso. *Da alquimia à química*: um estudo sobre a passagem do pensamento mágico-vitalista ao mecanicismo. São Paulo: Nova Stella/Edusp, 1987.

GOMES, Horieste. *Reflexões sobre teoria e crítica em geografia*. Goiânia: CEGRAF/UFG, 1991.

GONÇALVES, Carlos Walter Porto. *(Des)caminhos do meio ambiente*. São Paulo: Contexto, 1989.

_____. Movimientos sociales, nuevas territorialidades y sustentabilidad. In: GONÇALVES, Carlos Walter Porto. *Geo-grafías, movimientos sociales, nuevas territorialidades y sustentabilidad*. México: Siglo Veintiuno, 2001.

GOULD, Sthepen Jay. *Seta do tempo, ciclo do tempo*: mito e metáfora na descoberta do tempo geológico. São Paulo: Companhia das Letras, 1991.

GREGORY, K. J. *A natureza da geografia física*. São Paulo: Difel, 1992.

GRIBLIN, John. *À procura da dupla hélice*: a física quântica e a vida. Lisboa: Presença, 1989.

HAESBAERT, Rogério. *O mito da desterritorialização*: do "fim do território" à multiterritorialidade. Rio de Janeiro: Bertrand Brasil, 2004.

HARTSHORNE, Richard. *Propósitos e natureza da geografia*. São Paulo: Hucitec/Edusp, 1978.

HARVEY, David. *Condição pós-moderna*: uma pesquisa sobre as origens da mudança cultural. São Paulo: Loyola, 1992.

_____. *Espaços de esperança*. São Paulo: Loyola, 2004.

HAZARD, Paul. *O pensamento europeu no século XVIII*. Lisboa: Presença, 1983.

HOLZER, Werther. A geografia humanista anglo-saxônica: de suas origens aos anos 90. *Revista Brasileira de Geografia*. Rio de Janeiro, vol. 55, n. 1/4, 1993.

_____. A geografia humanista: uma revisão. *Espaço e Cultura*. Rio de Janeiro, n. 3, 1996.

_____. A geografia fenomenológica de Eric Dardel. In: ROSENDAHL, Zeny e CORRÊA, Roberto Lobato (orgs.). *Matrizes da geografia cultural*. Rio de Janeiro: EDUERJ, 2001.

HOOYKAAS, R. *A religião e o desenvolvimento da ciência moderna*. São Paulo: Polis/Unb, 1988.

JACOB, François. *A lógica da vida*: uma história da hereditariedade. Rio de Janeiro: Graal, 1983.

JOHNSTON, R. J. *Geografia e geógrafos*: a geografia humana anglo-americana desde 1945. São Paulo: Difel, 1986.

KOYRÉ, A. *Do mundo fechado ao universo infinito*. Rio de Janeiro: Forense/EDUSP, 1957.

LA BLACHE, Paul Vidal. *Princípios de geografia humana*. Lisboa: Cosmos, 1954.

LACOSTE, Yves. *A geografia do subdesenvolvimento*. São Paulo: Difel, 1968.

_____. A geografia. In: LACOSTE, Yves et al. *A filosofia das ciências sociais*: história da filosofia, ideias, doutrinas. vol. 7. Rio de Janeiro: Zahar, 1974.

PARA ONDE VAI O PENSAMENTO GEOGRÁFICO?

_____. *A geografia, isso serve, em primeiro lugar, para fazer a guerra.* São Paulo: Papirus, 1988.

_____. *Os países subdesenvolvidos.* 18. ed. (atualizada de acordo com a 6. ed. francesa). São Paulo: Bertrand Brasil, 1988.

LANDER, Edgardo (org). *A colonialidade do saber:* eurocentrismo e ciências sociais – perspectivas latino-americanas. São Paulo: CLACSO, 2005.

LEFEBVRE, Henri. *La production de l'espace.* Paris: Anthropos, 1981.

_____. *La presencia y la ausencia:* contribucion a la teoría de las representaciones. México: Fondo de Cultura Económica, 1983.

LEFF, Enrique. *Epistemología ambiental.* São Paulo: Cortez, 2001.

_____. *Aventuras da epistemologia ambiental:* da articulação das ciências ao diálogo dos saberes. Rio de Janeiro: Garamond, 2004.

LENIN, V. I. *Materialismo e empiro-criticismo.* Rio de Janeiro: Leitura, 1965.

_____. *Cuadernos Filosóficos.* Madrid: Ayuso, 1974.

LESSA, Sergio. *A ontologia de Lukács.* 2. ed. Maceió: Edufal, 1997.

LOMBARDO, Magda Adelaide. *Ilha de calor nas metrópoles:* o exemplo de São Paulo. São Paulo: Hucitec, 1985.

LUKÁCS, Geörgy. *Ontologia do ser social:* os princípios ontológicos fundamentais de Marx. São Paulo: Livraria Editora Ciências Humanas, 1979.

MANDEL, Ernest. *O capitalismo tardio.* São Paulo: Abril Cultural, 1972.

MARTINS, Élvio Rodrigues. Lógica e espaço na obra de Imannuel Kant e suas implicações na ciência geográfica. *GEOgraphia.* Niterói, n. 9, ano v, 2003.

MARTONNE, Emannuel de. *Tratado de geografia física.* Lisboa: Cosmos, 1953.

MARX, Karl. *O capital.* 6 vols. Rio de Janeiro: Civilização Brasileira, 1968.

_____. *A ideologia alemã.* 2 vols. Lisboa: Presença/Martins Fontes, s/d.

_____. *Manuscritos econômico-filosóficos.* Lisboa: Edições 70, 1993.

MASON, S. F. *História da ciência.* Porto Alegre: Globo, 1962.

McDOWELL, Linda. A transformação da geografia cultural. In: SMITH, Graham; GREGORY, Derek; MARTIN, Ron. *Geografia humana:* sociedade, espaço e ciência social. Rio de Janeiro: Jorge Zahar, 1995.

MELLO, João Baptista. Geografia humanística: a perspectiva da experiência vivida e uma crítica radical ao positivismo. *Revista Brasileira de Geografia.* Rio de Janeiro, vol. 52, n. 4, 1990.

MONTEIRO, Carlos Augusto de Figueiredo. *Clima e excepcionalismo:* conjecturas sobre o desempenho da atmosfera como fenômeno geográfico. Florianópolis: UFSC, 1991.

_____ e MENDONÇA, Francisco. *Clima urbano.* São Paulo: Contexto, 2003.

MORAES, Antonio Carlos Robert. *Geografia, pequena história crítica.* São Paulo: Hucitec, 1981.

_____. *A gênese da geografia moderna.* São Paulo: Hucitec/Edusp, 1989.

MOREIRA, Ruy. *O discurso do avesso (para a crítica da geografia que se ensina).* Rio de Janeiro: Dois Pontos, 1987.

_____. *O que é geografia.* 3. ed. São Paulo: Brasiliense, 1993. (Coleção Primeiros Passos, n. 48).

BIBLIOGRAFIA

_____. O espaço da geografia: as formas históricas do trabalho do geógrafo. *Boletim Fluminense de Geografia*. Niterói, vol. 1, n. 2, ano II, 1994.

_____. O tempo e a forma: a sociedade e suas formas de espaço no tempo. *Ciência Geográfica*. Bauru: n. 9, ano IV, 1998.

_____. A diferença e a geografia: o ardil da identidade e a representação da diferença na geografia. GEOgraphia. Niterói, n. 1, ano I, 1999a.

_____. O paradigma e a ordem: genealogia e metamorfoses do espaço capitalista. *Ciência Geográfica*. Bauru, n. 10, ano V, 1999b.

_____. Os períodos técnicos e os paradigmas do espaço do trabalho. *Ciência Geográfica*. Bauru, n. 16, ano VI, 2000.

_____. As categorias espaciais da construção geográfica das sociedades. GEOgraphia. Niterói, n. 5, ano III, 2001.

_____. Assim se passaram dez anos. GEOgraphia. Niterói, n. 3, ano II, 2003.

_____. A nova divisão territorial do trabalho e as tendências de configuração do espaço brasileiro. In: LIMONAD, Éster; HAESBAERT, Rogério; MOREIRA, Ruy (orgs.). *Brasil Século XXI, por uma nova regionalização?*. Niterói: Max Limonad/PPGEO-UFF, 2004a.

_____. Marxismo e geografia, a geograficidade e o diálogo das ontologias. GEOgraphia. Niterói, n. 1, ano VI, 2004b.

_____. Ser-Tão: o universal no regionalismo de Graciliano Ramos, Mário de Andrade e Guimarães Rosa: um ensaio sobre a geograficidade do espaço brasileiro. *Ciência Geográfica*. Bauru, vol. 10, n. 3, ano X, 2004c.

_____. Sociabilidade e espaço. *Anais do X Encontro de Geógrafos da América Latina – EGAL*. São Paulo: USP, 2005.

_____. Da partilha territorial ao bioespaço e ao biopoder. *Anais do V Encontro da ANPEGE*. São Paulo: Anablume, 2006a.

_____. Espaço e contraespaço: sociedade civil e Estado, privado e público na ordem espacial burguesa. *Território, territórios (Ensaios sobre ordenamento territorial)*. Rio de Janeiro, 2006b.

_____. A cidade e o campo no Brasil contemporâneo. *Ciência Geográfica*. Bauru, volume 11, n. 3, ano XI, 2006c.

MORIN, Edgar. *O método*. 4 vols. Sintra: Publicações Europa-América, s/d.

_____. *O enigma do homem*. Rio de Janeiro: Zahar, 1979.

MUMFORD, Lewis. *Técnica y civilización*. Madir: Alianza, 1992.

MYRDAL, Gunnar. *Teoria econômica e regiões subdesenvolvidas*. Rio de Janeiro: Saga, 1965.

NISBET, Robert. *História da ideia de progresso*. Brasília: UnB, 1965.

NOGUEIRA, Amélia Regina Batista. Uma interpretação fenomenológica na geografia. In: SILVA, Aldo A. Dantas; GALENO, Alex (orgs.). *Geografia, Ciência do Complexus*. Porto Alegre: Sulina, 2004.

NOVAES, Adauto (org.). *O olhar*. São Paulo: Companhia das Letras, 1988.

OLIVEIRA, Francisco. A produção dos homens: notas sobre a reprodução da população sob o capital. In: OLIVEIRA, Francisco. *A economia da dependência imperfeita*. Rio de Janeiro: Graal, 1977.

PARA ONDE VAI O PENSAMENTO GEOGRÁFICO?

OLIVEIRA, Livia. Percepção do meio ambiente e geografia. *OLAM, Ciência e Tecnologia*. São Paulo, vol. 1, ano I, 2001.

PEREIRA, Raquel Maria F. A. *Da geografia que se ensina à gênese da geografia moderna*. Florianópolis: UFSC, 1989.

PHLIPPONNEAU, Michel. *Geografia e ação*: introdução à geografia aplicada. Lisboa: Cosmos, 1964.

POGGI, Gianfranco. *A evolução do estado moderno*. Rio de Janeiro: Zahar, 1981.

POLANYI, Karl. *A grande transformação*: as origens de nossa época. Rio de Janeiro: Campus, 1980.

PRIGOGINE, Ilya; STENGERS, Isabelle. *A nova aliança*. Brasília: UnB, 1984.

_____. *Entre o tempo e a eternidade*. Lisboa: Gradiva, 1988.

QUAINI, Massimo. *Marxismo e geografia*. Rio de Janeiro: Paz e Terra, 1982.

_____. *A construção da geografia humana*. Rio de Janeiro: Paz e Terra, 1983.

RAFFESTIN, Claude. *Por uma geografia do poder*. São Paulo: Ática, 1993.

REALE, G; ANTISERI, D. *Historia del pensamiento filosófico y científico*. 3 vols. Barcelona: Herder, 1988.

RECLUS, Eliseé. *El hombre y la Tierra*. 6 vols. Barcelona: Maucci, s/d.

RIBEIRO, Wagner Costa. *A ordem ambiental internacional*. São Paulo: Contexto, 2001.

RIFKIN, Jeremy. *O século da biotecnologia*: a valorização dos genes e a reconstrução do mundo. São Paulo: Makron Books, 1998.

SAHTOURIS, Elisabet. *Gaia, do caos ao cosmos*. São Paulo: Integração, 1991.

SANTOS, Boaventura de Souza (org.). *Produzir para viver*: os caminhos da produção não capitalista. Rio de Janeiro: Civilização Brasileira, 2002.

SANTOS, Douglas. *A reinvenção do espaço*: diálogos em torno da construção do significado de uma categoria. São Paulo: Unesp, 2002.

SANTOS, Milton. *A natureza do espaço*: técnica e tempo – razão e emoção. São Paulo: Editora Hucitec, 1996.

_____. *Pensando o espaço do homem*. São Paulo: Hucitec, 1982.

_____. *Por uma geografia nova*: da crítica da geografia à geografia crítica. São Paulo: Hucitec, 1978.

SCIACCA, Michele Federico. *História da filosofia*. 3 vols. São Paulo: Mestre Jou, 1967.

SILVA, Armando Correa. *Geografia e lugar social*. São Paulo: Contexto, 1991.

_____. A renovação geográfica no Brasil – 1976-1983: as geografias radical e crítica na perspectiva teórica. *Boletim Paulista de Geografia*. São Paulo, n. 60, 1983

_____. *De quem é o pedaço?* São Paulo: Hucitec, 1986.

_____. *O espaço fora do lugar*. São Paulo: Hucitec, 1978.

SIMONNET, Dominique. *O Ecologismo*. Lisboa: Moraes, 1981.

SODRÉ, Nelson Werneck. *Introdução à geografia*: geografia e ideologia. Rio de Janeiro: Vozes, 1976.

SOJA, Edward W. *Geografias pós-modernas*: a reafirmação do espaço na teoria social crítica. Rio de Janeiro: Jorge Zahar, 1993.

SORRE, Max. *El hombre en la Tierra*. Barcelona: Editorial Labor, 1961.

BIBLIOGRAFIA

_____. A noção de gênero de vida e sua evolução. In: MEGALE, Januário Francisco (org). *Max. Sorre*. São Paulo: Ática, 2002.

SPOSITO, Eliseu Savério. *Geografia e filosofia*. Contribuição para o ensino do pensamento geográfico. São Paulo: Unesp, 2004.

SUERTEGARAY, Dirce Maria Antunes. Ambiência e pensamento complexo: ressignific(ação) da geografia. In: SILVA, Aldo A. Dantas; GALENO, Alex (orgs.). *Geografia, ciência do complexus*. Porto Alegre: Sulina, 2004.

SUNKEL, Oswaldo. *O marco histórico do processo do desenvolvimento e subdesenvolvimento*. São Paulo: Difel, 1968.

TARIFFA, J. R.; AZEVEDO, T. R. (orgs.). *Os climas na cidade de São Paulo*: teoria e prática. São Paulo: USP/GEOUSP, 2001.

TATHAM, George. A geografia no século dezenove. *Boletim Geográfico*. Rio de Janeiro, n. 150, ano XVII, 1959.

THOMPSON, E. P. Tempo, disciplina do trabalho e o capitalismo industrial. In: THOMPSON, E. P. *Costumes em comum*: estudos sobre a cultura popular tradicional. São Paulo: Companhia das Letras, 1998.

TUAN, Yi-Fu. *Espaço e lugar*. São Paulo: Difel, s/d.

VIADANA, Adler Guilherme. *A teoria dos refúgios florestais aplicada ao estado de São Paulo*. Rio Claro: Unesp, 2002.

VIRILIO, Paul. *Velocidade e política*. São Paulo: Estação Liberdade, 1996.

VITTE, Antonio Carlos e GUERRA, Antonio José Teixeira (orgs.). *Reflexões sobre a geografia física do Brasil*. Rio de Janeiro: Bertrand Brasil, 2004.

VOLKENBURG, Samuel Van. Escola germânica de geografia. *Boletim Geográfico*. Rio de Janeiro, n. 159, ano XVIII, 1960.

O AUTOR

Ruy Moreira é professor adjunto dos cursos de graduação e pós-graduação (mestrado e doutorado) em geografia, da Universidade Federal Fluminense (UFF), mestre em geografia pela Universidade Federal do Rio de Janeiro (UFRJ) e doutor em geografia humana pela Universidade de São Paulo (USP). Autor de diversos livros e artigos em periódicos, publicou *Pensar e ser em geografia* pela Contexto.